KB268317

사춘기는 처음이라

갑자기 낯설어진 나를 과학으로 이해하다

사춘기는 처음이라

1판 1쇄 발행 2026년 3월 20일
1판 3쇄 발행 2026년 4월 21일

지은이 이광렬
펴낸이 이주화

책임편집 여수진
콘텐츠 개발팀 임지연, 여수진
콘텐츠 마케팅팀 안주희, 정유진
디자인 YDD

펴낸곳 (주) 클랩북스 **출판등록** 2022년 5월 12일 제2022-000129호
주소 서울시 마포구 어울마당로3길 5, 201호
전화 02-332-5246 팩스 0504-255-5246
이메일 clab22@clabbooks.com
인스타그램 instagram.com/clabbooks
블로그 blog.naver.com/clabbooks
페이스북 facebook.com/clabbooks

ISBN 979-11-93941-60-7 (44400)
　　　 979-11-93941-61-4 (세트)

(주)클랩북스는 독자 여러분의 책에 관한 아이디어와 원고 투고를 기다리고 있습니다.
책 출간을 원하시는 분은 이메일 clab22@clabbooks.com으로 간단한 개요와 취지, 연락처 등을 보내주세요.
'지혜가 되는 이야기의 시작, 클랩북스'와 함께 꿈을 이루세요.

사춘기는 처음이라

사춘기에 겪는
호르몬 변화의 비밀

어느 날 갑자기 내 모습이 낯설게 느껴지지 않았나요?

거울에 비친 내 얼굴이 못나 보이고 몸매도 마음에 들지 않아 속상합니다. 머릿속은 복잡하고 충동에 쉽게 이끌려 괜히 주변 사람들에게 상처를 주는 말을 내뱉기도 합니다. 몇 달 전까지만 해도 포근했던 부모님의 품이 갑자기 불편해지고, 이제는 나를 감시하고 통제하는 이상한 어른으로 보입니다. 어쩔 땐 학교 선생님이 별 볼 일 없는 사람처럼 느껴져 만만하게 보이고, 어른들과 주먹다짐을 해도 내가 이길 수 있을 것 같습니다. 게다가 위험한 장난을 쳐도 다치지 않을 것 같고, 마냥 좋은 일만 생길 것 같은 근거 없는 자신감이 넘쳐흐릅니다.

왜 이렇게 변해 버린 걸까요? 그 이유는 사춘기에 들어선 내 몸과 마음에서 '대변혁'이 일어나고 있기 때문입니다. 사춘기에는 성호르몬인 남성호르몬과 여성호르몬이 폭발적으로 분출되면서 급격하게 성장하게 됩니다.

온갖 호르몬이 요동치는 바람에 피부는 여드름에 점령당하고, 몸에서는 퀴퀴한 냄새가 나지요. 그리고 이성 친구에 대한 관심이 높아져 '좋아하는' 마음을 아주 불량한 태도로 표현한다거나, 안전 장비 없이 위험한 기술을 시도하며 눈에 띄려고 합니다. 소셜미디어에 자신의 매력을 과시하는 것도 사춘기 신체 변화의 영향입니다.

부모님들은 자녀의 갑작스러운 변화에 충격을 받습니다. 집으로 돌아오자마자 방에 들어가 나오지도 않고, 가볍게 건넨 말에도 거세게 반항하는 아이를 마주하며 눈물을 삼킵니다. 아이들이 사춘기를 처음 겪는 것처럼, 부모님들도 아이의 사춘기를 처음 겪는지라 혼란스럽지요. 거기다 본인들의 사춘기는 너무 까마득한 옛일이 되어 부모로서 아이에게 어떻게 다가가면 좋을지, 어떻게 도와야 할지 정답은 알지 못한 채 걱정만 쌓여갑니다.

이 책은 사춘기라는 낯선 터널을 지나가는 학생들과, 사춘기의 등불이 되어 주고 싶은 부모님들을 위해 탄생했습니다.

40가지 질문을 통해 사춘기에 일어나는 몸의 변화와 수반된 다양한 문제부터 사춘기 학생들의 큰 관심사인 외모 꾸미기와 연약한 뇌를 유혹하는 술과 담배, 그리고 소셜미디어와 각종 스트레스 문제까지 하나

하나 분석하고 작은 해답을 제시합니다.

사춘기 변화를 미리 알고 대비한다면, 학생들은 자신을 더 잘 알게 되어 쉽게 흔들리지 않는 단단한 어른으로 자라나고, 부모님들은 거칠어진 아이의 모습을 따뜻하게 보듬어 주는 든든한 안내자가 될 수 있을 겁니다. 이 책이 각 가정의 사춘기 갈등을 해결하고 따뜻한 대화의 물꼬를 터주는 지침서가 되기를 진심으로 바랍니다.

2026년, 한겨울

이광렬

목차

여는 글　　사춘기에 겪는 호르몬 변화의 비밀　　　　04

1장

마음속의 뇌과학
나도 모르는 내 마음의 설계도

1	공부를 잘하고 싶은데 자꾸만 졸려요	14
2	어른들은 내 마음을 말해도 잘 몰라요!	19
3	내 감정이 너무 빠르게 변해요	23
4	날 좀 내버려두었으면 좋겠어요	27
5	내 모습이 너무 못나 보여서 우울해요	31
6	친구들 앞에서 괜히 객기를 부리게 돼요	37
7	이성 친구 앞에 서면 부끄러워서 도망치고 싶지만, 관심은 받고 싶어요	42
8	학교 선생님이 왜 만만하게 느껴질까요?	46
9	무서운 친구 앞에서도 당당하게 굴고 싶어요	52
10	시험 시간만 되면 도망치고 싶어요	59

✉ 첫 번째 편지

　　모든 게 내 마음 같지 않아서 괴로운 청소년들에게　　　　64

2장

거울 앞의 생물학

거울에 비친 낯선 내 모습

1 몸의 비율이 이상해! 갑자기 살이 찌는 이유는 뭔가요?   69

2 얼굴에 불쑥 피어난 여드름   73

3 내 피부가 울긋불긋해졌어요!   79

4 피부를 검게 태우는 자외선   83

5 겨드랑이에서 끔찍한 냄새가 나요   87

6 빨래를 했는데도 옷에서 냄새가 나요   95

7 입냄새를 줄이고 싶어요   99

8 머리카락 색이 서로 다른 이유는 무엇인가요?   104

9 목욕을 오래하면 손톱에 힘이 없어져요   109

10 멀리 있는 물체가 잘 안 보여요   112

두 번째 편지

거울에 비친 내 모습이 낯선 청소년들에게   116

3장

본능 앞의 뇌과학
내 의지를 꺾는 유혹의 정체

1	담배에 든 니코틴이 왜 위험해요?	120
2	분명 금연 선언을 했는데, 왜 다시 담배를 찾아요?	124
3	현실 회피의 수단으로 술을 마신다고요?	129
4	단 음식을 자꾸만 먹고 싶어요	135
5	맛있는 조합은 왜 먹어도 먹어도 안 질릴까요?	141
6	저기압일 땐 고기 앞으로! 고기가 맛있는 이유가 궁금해요	145
7	피곤함을 잊게 만드는 에너지 드링크! 많이 마셔도 될까요?	150
8	밤마다 울리는 배꼽시계의 주인은 그렐린?	155
9	소셜미디어 세계는 왜 이렇게 즐거운가요?	159
10	오늘은 그냥 놀고, 공부는 내일로 미루고 싶어요	165

세 번째 편지

독립적인 삶을 준비하는 청소년들에게 170

화장대 위의 화학
내 모습을 아름답게 꾸며 주는 분자들의 레시피

1 여드름을 싹싹 지워 버리고 싶어요   176

2 피부 보습 과학-기초편   184

3 피부 보습 과학-완전 정복편   188

4 손톱을 빛나게 만들어 주는 젤 네일   193

5 색조 화장품에는 뭐가 들어가나요?   198

6 세안할 때 지켜야 할 순서   203

7 맑고 환한 피부색을 가지고 싶어요   210

8 매일 똑같은 머리는 이제 지겨워요!   215

9 향기로운 사람이 되고 싶어요   221

10 불편한 안경! 콘택트렌즈를 끼고 싶어요   227

네 번째 편지

외적인 고민으로 마음이 힘든 청소년들에게   234

맺음말   238

1장

마음속의 뇌과학

나도 모르는
내 마음의
설계도

1

공부를 잘하고 싶은데
자꾸만 졸려요

사춘기는 몸뿐만 아니라 뇌도 급격하게 변화하는 시기입니다. 대뇌에 위치한 전은 논리적으로 사고하고, 스스로 절제하고, 자기 조절을 하는 데 관여하는 뇌 부분입니다. 그런데 사춘기에는 이 부분이 완전히 자라지 않아서 감정을 다스리거나 충동을 제어하는 능력이 어른보다 부족합니다. 또 초등학교 저학년 때와 달리 사춘기에 접어들면서 친구들과 보내는 시간이 훨씬 많아집니다. 친구들과 게임을 한다든지 학원가 골목에서 담배를 피운다든지 부모님 몰래 소셜미디어 세계에서 살아가는 것과 같은, 뇌에서 도파민이 나오는 행동을 자주 할 수 있지요. 자제력이 부족한 상태에서는 이런 유혹에 잘 빠지잖아요. 그러다 보면 당연히 공부는 뒷전이죠.

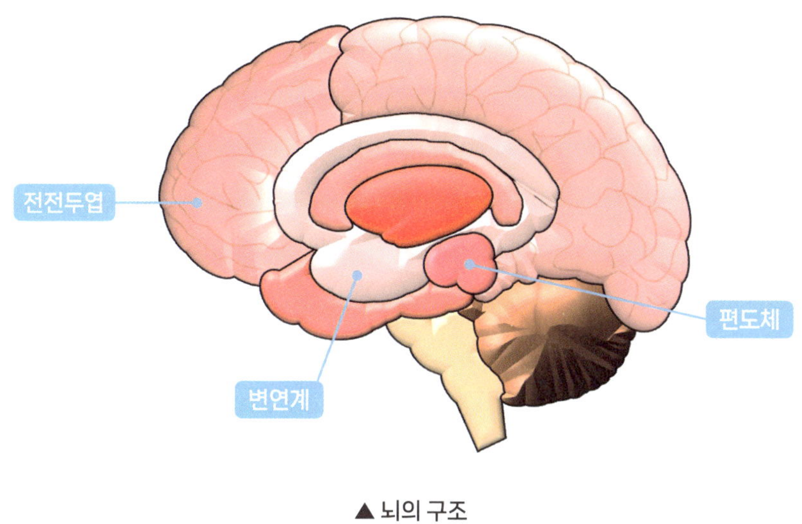

▲ 뇌의 구조

공부에 집중하지 못하는 이유

키가 자라고 근육이 생기는 과정은 아주 많은 에너지를 쓰는 일이라 사춘기 학생은 늘 피곤할 수밖에 없습니다. 그리고 몸이 피곤하면 공부를 하기 싫어지죠. 공부하는 것 자체가 뇌의 에너지를 많이 쓰는 것이라서, 사춘기 학생의 뇌는 공부를 하는 대신에 자꾸 잠을 자라고 시킵니다.

사춘기에 들어서게 되면 성호르몬의 수치가 급격히 증가하면서 청소년의 몸은 빠르게 어른의 몸으로 변화해 갑니다. 그런데 이러한 호르몬의 양이 급격하게 변하면 짜증이 아주 많이 나게 됩니다. 남성호르몬이 갑자기 많이 늘어나면 편도핵을 자극해서 공격적으로 변할 수도 있고 경쟁심을 유발할 수 있어요. 게다가 감정의 기복이 심해져서 장시간 책상 앞에 앉아 공부에 집중하는 것이 매우 어렵습니다. 또한, 성적 호기심이 매우 높아지며 이 호기심을 해소하기 위해 자극적인 영상과 자료를 찾아보며 시간을 낭비할 수도 있습니다. 이성 친구를 만나면서 지나친 감정 소모를 할 수도 있고요.

몸의 생존 확률을 높이는 코르티솔

초등학교 고학년이나 중학생이 되면 교우 관계는 상당히 복잡해집니다. 친구들과의 외모 비교, 운동 능력 비교 등에서 오는 스트레스가 상당히 많아져요. 스트레스를 많이 받으면 몸에서는 코르티솔**Cortisol**이라는 호르몬이 분비됩니다. 이 호르몬은 오로지 스트레스를 줄이고 몸의 생존 확률을 높이는 데만 집중하는 호르몬입니다. 뇌의 에너지를 쓴다는 것 자체가 본능적인 생존에는 도움이 안되는 것이잖아요? 그래서 학교생활에서 스트레스를 많이 받으면 자연스레 공부에 집중하기가 어려워지고 공부를 해도 성과가 잘 나오기 힘듭니다. 거기다 집에 돌아와서도 학업 문제로 부모님과 갈등하거나, 가정불화와 같은 스트레스 요인에 노출되면 공부에 집중하기 더 어렵겠지요.

청소년 시기에는 나쁜 것을 멀리해야 한다

우리의 뇌 속에 있는, 유아기에 급하게 만들었던 머릿속 회로 중에는 쓸모가 없는 것들도 많이 있습니다. 보다 효율적으로 머릿속 회로를 구성하기 위해서는 **시냅스**(신경세포 사이의 연결 부위)**의 가지치기를 하게 되는데, 이 과정이 바로 사춘기에 일어나요.** 컴퓨터에서 디스크 조각 모음을 하듯이 뇌도 이 과정을 겪습니다. 이때는 머릿속에서 회로가 새로 구성되고 있으니, 일시적으로 혼란이 올 수도 있고 공부를 해도 그 내용이 잘 저장되지 않을 수 있어요. 그런데 뇌의 가지치기 기간에 게임이나 소셜미디어를 많이 하면 어떻게 될까요? 우리의 뇌는 '아! 게임을 더 열심히 하거나 소셜미디어를 더 많이 봐야겠다.'라고 판단하고 해당 시냅스를 더 강화합니다. 그래서 집중력과 기억력이 저하되고 소셜미디어와 게임을 할 수 없는 수업 시간이 괴롭게 느껴집니다.

몸은 피곤하고, 공부를 방해하는 유혹은 많고, 갑자기 이성에 대한 호기심과 이성 친구와의 문제까지 생기니, 여러모로 참 힘든 사춘기 시절입니다. 그런데 머릿속에서 시냅스가 잘리고 새로 만들어지는 현상이 사춘기에 일어난다는 것을 미리 알면, 뇌가 공부를 싫어하지 않도록 만들 수 있어요.

공부를 더 잘할 수 있게 뇌를 돕는 방법을 몇 가지만 더 알아볼까요?

1. 스마트폰 사용 시간을 줄이고, 2. 신선하고 건강한 음식을 먹고, 3. 운동을 규칙적으로 해서 행복 호르몬인 세로토닌Serotonin을 만들어 보세요. 그리고 마지막으로, 고민이 생겼다면 혼자서 끙끙 앓지 말고 가족과 공유하는 것입니다. 사춘기 학생을 가장 많이 사랑하는 존재가 누구인가요? 바로 부모님입니다. 이미 사춘기를 겪어 본 분들이니, 사춘기에 일어나는 일들을 어떤 식으로 극복할 수 있을지 답을 알려 줄 수도 있어요. 친구들이나 바로 위 학년 선배들은 별 도움이 안 됩니다. 여러분처럼 사춘기를 겪는 중이라 자신들의 문제를 해결하기에도 바쁠 거예요. 그러니 친구 관계, 학업 문제, 외모 고민 등 스트레스 요인들에 대해서 부모님과 자주 이야기해 보세요. 지금 당장은 어려운 문제로 보여도 부모님에게 털어놓다 보면 속 시원히 해결될 수도 있으니 말입니다.

- 소셜미디어에 과몰입하는 건 인생을 낭비하는 첫걸음이 되니 적정 시간을 지키기
- 잠을 자기 어려울 때는 허브차를 마시거나 우유를 따뜻하게 데워 마셔서 몸을 진정시키기

2

어른들은 내 마음을
말해도 잘 몰라요!

요즘 따라 이상하게 부모님과 의사소통이 잘 안되는 것처럼 느껴지지 않나요? 엄마 아빠가 나를 무시하는 것 같기도 하고, 내 기분도 몰라주니 왠지 참 답답한 어른들이라는 생각도 들고 말이지요. 초등학생 때는 그런 것을 느끼지도 못했고, 지금과는 다르게 부모님과 말도 잘 통하고 재미있게 지냈었던 것 같은데, 대체 뭐가 달라졌을까요?

사춘기의 뇌는 많은 변화를 겪으면서 성장하는 중입니다. 이 시기에는 감정이나 충동적인 성향, 그리고 보상 시스템이 작동하는 변연계가 폭발적으로 빨리 성장합니다. 하지만 이성적인 사고와 자제를 담당하는 전전두엽은 상대적으로 발달이 더뎌서 폭발하는 감정을 잘 제어하지는 못합니다.

자꾸만 화를 내고 싶어지는 이유

뇌가 한창 성장하는 사춘기에는 공포와 분노를 담당하는 편도체가 어른들보다 더 활성화되어 있습니다. 별 의미 없는 부모님의 한마디에 크게 흥분하여 화를 내는 이유도 과도하게 활성화된 편도체 때문이지요. 부모님들의 입장에서는 얼마 전까지만 해도 멀쩡하던 아이가 별것도 아닌 일에 흥분하고 화를 내니, 우리 아이에게 무슨 일이 생긴 건 아닌지 걱정이 되기도 하고, 아이가 반발한다고 생각하니 화가 날 수도 있습니다. 그런데 어른들이 목소리를 높이면 사춘기 학생은 더 흥분하고 화를 내는 악순환이 생길 수도 있습니다.

또한, 뇌의 보상 시스템 회로가 사춘기에 급격하게 재조정되면서 어지간한 자극으로는 도파민을 분비하지 못하고 더 강한 자극을 추구하는 성향이 나타나게 됩니다. 무작정 높은 곳에서 뛰어내리거나, 자전거나 스케이트보드로 묘기를 부린다거나, 친구들과 어울려 다니며 게임을 하고 담배를 피우는 것 등 강한 자극을 찾습니다. 그러나 부모님은 안전하지 않고 예의에 어긋나는 행동이라며 엄격하게 통제를 하겠지요? 사춘기 학생은 자신이 원하는 일을 행하지 못하게 되니, 부모님의 눈을 피해 온갖 기발한 행동을 시도합니다. 이 시기에는 어느 가족이나 갈등을 피하기란 어렵습니다.

부모님과 대화가 잘 안 통한다면

빨리 발달하는 변연계와 느리게 발달하는 전전두엽 때문에 사춘기 학생은 주변 상황을 살피지 않고 지금 당장 눈앞의 호기심과 자극을 추구하는 경향이 있습니다. 본인의 행동이 주변 사람들에게 어떤 영향을 끼치게 될지, 부모님의 마음은 어떠할지, 주변 상황을 세심하게 살펴보기 어렵고 게다가 이성적이지 않습니다. 그런데 부모의 입장에서는 자식이 너무나 이기적으로 행동한다고 생각하기 쉬워요.

사춘기는 '아이'에서 독립적인 '어른'으로 변화하는 시기입니다. 누구나 때가 되면 포근한 부모의 품에서 벗어나 독립적으로 살아가야 합니다. 이 시기에는 스스로 생각하고 행동하는 독립적인 사람으로 인정받고 싶은데, 부모가 자신을 너무 아이처럼 대한다면 반발감이 커질 수밖에 없지요. 심지어 자신이 독립적인 개체로서 자유롭게 생각하고 행동하는 데에 가장 방해가 되는 존재라고 생각할 수도 있습니다. 결국에는 부모님을 극복해야 하는 대상이라고 판단하여 버릇없는 말투와 행동을 많이 하게 되는 이유가 여기에 있어요.

한편, 부모들은 이미 성숙하게 자란 어른이기에 감정과 충동에 휩싸이기보다는 이성적인 사고와 절제에 익숙해져 있습니다. 본인이 겪었던 사춘기에 대한 기억은 이미 먼 과거의 일이라 그 시절 충동적으로 행동했던 것을 다 잊은 어른들도 있어요. 그러다 보니 본인들의 눈에는 아직 어린 자식이 갑자기 충동적인 행동을 하면 무엇인가 큰일이 났다고 생각하기 쉽고, '어른의 기준'에 맞추어 올바른 행동을 하라고 훈계하기 쉬워요. 하지만 자신의 감정을 가장 중요하게 여기는 사춘기 학생은 이런 부모님의 통제가 너무 답답하게 느껴져 화를 내지요.

만약 요즘 부모님과 자주 다투고 있다면, 이 글을 부모님께 좀 보여 주세요. '아이가 주체적인 어른으로 올바르게 자라도록 하려면 어느 정도 독립성을 인정해야 하고, 좋은 뜻으로 하는 이야기가 아이에게는 비난의 말로 들릴 수 있으니 지금 당장 문제를 빨리 해결하려 하기보다는 아이의 이야기를 잘 들어주는 것이 아이가 사춘기를 건강하게 지나게 하는 방법입니다.' 그렇다고 해서, 사춘기 학생들이 모든 것을 제 마음대로 할 수 있는 '면죄부'를 받은 것은 아닙니다. 뇌가 시키는 대로만 행동하면 본인이 원하는 모습의 어른이 되기 힘듭니다. 부모님에게 반발하기 전에 앞뒤 상황을 조금 더 살펴보고 행동해야 합니다. 부모님과 사이좋게 잘 지내면서 행복한 추억을 많이 쌓길 바랍니다.

- 부모님과 대화가 잘 통하지 않을 때는 감정을 글로 써서 전달하거나 먼저 숨을 깊게 쉬어 마음을 정리하고 천천히 내 생각을 말하기
- 학교에서 문제가 생겼다면 어떻게 해결해야 할지 혼자 고민하지 말고 부모님이나 믿을 만한 주변 어른(예: 학교 선생님)에게 조언을 구하기

3

내 감정이 너무
빠르게 변해요

주변에 화를 참지 못하고 문제를 일으키는 친구들이 갑자기 늘어나지 않았나요? 책상에 주먹을 꽝꽝 내려치거나 갑자기 꽥 고함을 지르거나 소란을 피워 교무실로 끌려가는 모습을 이미 봤을지도 모르겠네요. 혹은 짜증 나는 감정을 억누르지 못하고, 친구들 앞에서 우는 모습을 보였을 수도 있겠지요.

자극을 찾아 떠나는 도파민

사춘기의 뇌에서 감정, 충동, 보상 등과 관련이 있는 변연계는 빨리 발달하고, 이성적인 판단과 절제와 관련이 있는 전전두엽은 느리게 발달한다고 앞에서 이야기했었지요? 남성호르몬인 테스토스테론 **Testosterone**은 남성에게만 있는 것이 아니라 여성에게도 있어요. 그런데 이 호르몬이 많이 분출되면 변연계에 있는 편도체를 자극해서 분노와 공포 그리고 불안 같은 부정적인 감정이 갑자기 치솟을 수 있습니다. 사춘기 학생들이 주변의 자극에 아주 예민하게 반응하고, 쉽게 흥분하여 공격성을 보이는 이유가 여기에 숨어 있었답니다. 그리고 여성호르몬인 에스트로겐**Estrogen**은 여성의 생리 주기에 따라 양이 요동을 칩니다. 이 호르몬은 행복감을 느끼는 세로토닌의 작용을 방해해서 우울감을 느끼게 만들어요.

성호르몬의 양이 요동을 치는 사춘기에는 어른들보다 도파민 수치가 좀 더 높아요. 기저에 깔린 도파민 수치를 넘어서는 많은 양의 도파민을 얻기 위해 자연스레 더 강한 자극을 찾게 됩니다. 만약 자극적인 것을 찾지 못하면 일상이 아주 지루하게 느껴지고 짜증이 나게 되지요.

요동치는 호르몬에 휘둘려 충동적인 행동을 하다 보면, 좋지 않은 결과가 뒤따라올 수도 있어요. 대표적인 예로 학교 폭력에 휘말린다거나, 자극적인 것을 찾아서 술과 담배에 손을 댄다거나, 게임이나 소셜미디어에 빠져 학교 성적이 곤두박질치며 부모와 갈등이 생기는 것이죠. 이런 상황이 반복적으로 이루어진다면, 분노와 공포라는 부정적인 감정이 더 격해지고 감정에 휘둘려 사고를 치는 악순환의 고리에 빠지게 될 수도 있습니다.

그러면 어떻게 해야 시시때때로 달라지는 내 감정을 가라앉히고 덜 충동적으로 행동할 수 있을까요? 아직 성장 중인 전전두엽으로부터 큰 도움을 기대할 수도 없는데 말입니다.

편안한 감정 상태를 위해서

우리가 무심코 먹는 음식이 나의 감정 상태와 매우 밀접한 관련이 있다는 사실, 알고 계셨나요? 빵과 케이크, 그리고 탄산음료와 떡볶이 등에 많이 들어간 설탕은 섭취하는 순간, 즉시 혈액으로 들어와서 혈당이 치솟습니다. 그러면 인슐린이 빠르게 분비가 되고, 몸은 혈당을 신속하게 낮추려고 하겠죠? 그러나 인슐린이 과다하게 분비되면 혈액 속의 당을 너무 빨리 없애서 음식을 먹었다고 한들 저혈당 상태가 될 수 있습니다. 혈당이 지나치게 낮아지면 기운이 획 빠져서 무기력해지고 쉽게 짜증이 날 수 있어요. 그러니 살을 빼겠다고 밥을 너무 안 먹어도 저혈당 문제가 생길 수 있으니 주의해야 합니다. 적당한 혈당은 행복 호르몬인 '세로토닌'을 만들지만 극심한 다이어트로 혈당이 너무 낮아지면 우울감이 심각해지기 때문입니다.

햄버거, 스팸 등 원재료를 많이 가공한, 소위 '초가공식품'은 몸에 염증 반응을 일으키고 우울증을 유발할 수 있다는 사실은 잘 알려져 있습니다. 섬유질이 부족한 초가공식품을 자주 먹게 되면 유익한 장내 미생물은 줄어들고 유해한 장내 미생물이 많아집니다. 현재 과학계에서는 장내 미생물의 종류와 뇌의 건강과의 관계에 대한 연구가 활발하게 이루어지고 있습니다. 특히 유산균과 같은 유익균은 염증 반응을 낮추어서 뇌에 유해 물질이 전달되지 못하도록 도와주니까 유익균이 잘 살 수 있도록 해야겠죠?

자, 이제 답이 나왔죠? 탄수화물, 단백질, 지방, 비타민, 그리고 섬유질 등 모든 영양소가 골고루 들어 있는 건강한 밥을 잘 챙겨 먹는 것이 감정의 기복을 조절하는 데 도움이 됩니다. 또한, 주에 2~3회 이상 땀이 많이 나는 운동을 하여 세로토닌과 엔도르핀이 분비되게 해 보세요. 시원하게 땀을 빼고 나면 스트레스가 많이 풀리고 자존감도 올라갈 겁니다. 시간이 지나서 지금보다 전전두엽이 좀 더 발달하면 요동치는 감정도 잠잠해질 테니 그때까지는 밥과 운동, 그리고 충분한 잠으로 잘 버텨야 합니다.

- 청소년기에는 체력의 기초를 단련할 수 있는 중요한 시기이므로 규칙적으로 운동하기 (달리기, 줄넘기, 수영, 배드민턴 등 나에게 맞는 운동을 찾아서 하기)
- 요동치는 감정을 바로잡기 어렵다면 달고 짠 음식을 절제하기

4

날 좀 내버려두었으면
좋겠어요

엄마 아빠는 대체 왜 나의 모든 것에 대해 궁금해하고 자꾸 물어보는 걸까요? 마음에 둔 이성 친구는 없는지, 학교에서는 누구와 친한지, 친구들과 잘 지내는지, 숙제는 다 했는지, 공부는 안 어려운지 시시콜콜 물으며 전부 대답해 주길 바랍니다. 정작 본인들은 '언제, 어디서, 누구와, 무엇을, 어떻게, 왜' 하였는지 친절하게 답해 주지도 않으면서 말이지요. 혹시나 오늘 어떤 일이 있었는지 물어보면 "이건 어른들의 일이니까 너는 알 필요 없어."라고 말하는데, 왜 내 일에 대해서는 다 알려고 할까요?

내가 알아서 할 테니 나를 내버려두면 안 될까요?

엄마 아빠가 내 다이어리를 보는 것도, 메신저로 친구들과 한 이야기를 보자고 하는 것도, 갑자기 내 방에 들어와서 옷이나 책상을 정리하는 것도 괜히 기분이 나빠요. 나의 프라이버시는 전혀 지켜지지 않는 것 같아 불쾌한 기분마저 들어요. 초등학교에 다닐 때까지는 엄마 아빠와 모든 것을 공유하고, 학교에서 무슨 일이 있었는지 털어놓으며 숨기는 것이 없었는데 지금은 그냥 보여 주기 싫어요.

그런데 말이에요. 실은 멀리서 얼굴만 봐도, 목소리만 들어도 가슴이 두근두근하는 친구가 있어요. 지금까지 먼저 말을 걸어 본 적도 없고 나를 딱히 좋아하는 것 같지도 않은데, 이걸 엄마 아빠한테 굳이 이야기할 필요가 있을까요? 게다가 친하게 지내던 친구가 요즘 들어서 나를 무시하는 것 같아 속이 많이 상해요. 나만 빼놓고 다른 친구들과 자주 노는데, 혹시나 내가 무엇인가 크게 실수했는지 걱정돼요.

학년이 올라갈수록 공부해야 할 범위는 넓어지고 분량이 점점 더 많아지는데, 이상하게 머리가 멍하고 집중이 잘 안돼요. 공부가 안되는 것도 속상한데 자꾸 시험 준비는 잘되는지 물어보면 대답하기 싫어요. 그래서 마음을 좀 가라앉히고 싶어서 스마트폰을 좀 만지고 있을 수도 있잖아요? 속이 상하면 이불을 뒤집어쓰고 혼자 조용히 있고 싶을 수도 있죠.

그까짓 밥 좀 안 먹으면 어때요? 한 끼 굶었다고 갑자기 죽진 않잖아요. 근데 왜 자꾸 걱정하고, "무슨 일 있니?"라고 물어보는지 모르겠어요.

사실 최근에 담배를 한 번 피워 보았어요. 처음에는 머리가 핑 돌고 속이 메스꺼웠는데, 친구들과 몇 번 더 피우니까 자꾸 담배가 생각나요. 담배를 피웠다는 걸 엄마한테 들키면 혼이 날 게 뻔하니, 엄마와 마주치기 전에 빨리 양치질로 냄새를 숨기려고 했어요. 그런데 집 문 앞에 떡하니 엄마가 서 있으니 참 난감하네요. 이때는 일부러 화가 난 듯이 행동해서 방으로 빨리 들어가면 돼요. 잘못을 숨기려고 엄마한테 화를 낸 건 미안하지만 담배 피운 사실을 알리고 싶지 않아요.

요즘 들어 내가 뭘 잘하는지 앞으로 뭘 할 수 있는지, 나에 대한 고민이 참 많아요. 생각 정리를 하려고 침대에 앉아 있으면 엄마 아빠가 공부 안 한다고 잔소리해요. 나도 조용히 생각할 시간이 필요한데, 내 시간을 방해받는 기분이 들어요.

생각을 정리하는 나 혼자만의 시간

사춘기 학생들은 다양한 이유로 혼자만의 시간을 가지고 싶어 합니다. 하나의 개체로서 독립성과 자율성을 길러야 하는 시기가 바로 '사춘기'

라서 혼자만의 시간을 가지는 것이 필요하지요. 그리고 사춘기의 과활성화된 변연계를 진정시키려면, 자극적인 것을 줄이는 게 좋습니다. 때로는 혼자 아무것도 안하고 있는 것이 마음을 진정시키고 자신을 돌아보는 데 도움이 되지요.

좋아하는 분야의 책을 읽거나 새 관심사에 몰두하여 자료를 찾다 보면 시간의 흐름을 좀 놓칠 수도 있습니다. 이런 혼자만의 시간은 매우 건강한 것이고 독립적인 어른으로 자라나는 데 도움이 됩니다. 하지만 잘못된 행동을 저지르고 나서 두려운 마음에 혹은 괜히 무기력해져서 혼자 있는 시간이 길어진다면 좋지 않은 신호입니다. 부정적인 기운에 사로잡히면 생활 리듬이 깨지고, 타인과의 대화를 거부하며 심지어는 충동적이거나 반항적인 행동을 하게 됩니다. 여기서 상황이 더 심각해지면 외부 활동을 전혀 하지 않게 되고, 우울증으로 인해 자해를 하거나 자살 시도를 하는 경우도 생깁니다. 이럴 때는 전문가의 도움을 받는 것도 진지하게 고려해야 합니다. 나이가 많든 적든 우울증은 누구에게나 찾아올 수 있어서 마음의 병은 심해지기 전에 반드시 치료해야 합니다.

- 산책하면서 혼자만의 조용한 시간을 즐겨 보기
- 매일 일기를 쓰면서 나는 어떤 사람인지 탐색해 보기
- 일기 쓰기가 어렵다면 고민거리들을 낙서하듯이 써 보기

5

내 모습이 너무 못나 보여서
우울해요

'우월한 신체 비율', '신이 빚은 얼굴', '완벽한 몸매' 등 연예 매체에서는 쉬지도 않고 끊임없이 연예인들의 몸과 얼굴을 평가하고 있습니다. 여러 대의 카메라와 조명이 연예인들을 집요하게 따라다니며 오늘은 어떤 메이크업을 했고, 어떤 옷을 입었는지 적나라하게 보여 줍니다. 게다가 예능 프로그램에 출연한 사람 중에는 성형 수술을 한 사실을 거리낌 없이 말하고, 혹독한 다이어트 식단을 자랑하듯 공개하는 사람도 있습니다.

'아름다움'의 기준

여러분이 흥미로워할 재미있는 실험 결과가 있습니다. 우리나라 국민 수만 명의 얼굴 사진을 합치면, 어떤 이미지가 나올까요? 여러 장의 사진이 합쳐져 이상해질 것 같지만, 사실은 아주 매력적인 얼굴이 만들어집니다. 얼굴의 양쪽 면이 완벽한 대칭을 이루고 눈과 코의 모양이 아름다운 조화를 이루지요. 그런데 말입니다. 우리가 평소에 우리나라 사람들만 보면서 살지는 않잖아요? 소셜미디어나 영화, TV 프로그램 등에서 다양한 국적의 사람들을 보게 됩니다.

우리 주변에서 같이 생활하는 한국인들과 소셜미디어와 영화 등에서 보게 되는 서양인들의 외적인 모습이 머릿속에서 계속 합쳐지며 미의 평균을 만들고 있다고 생각해 보세요. 어느새 동양인과 서양인이 합쳐진 매력적인 외모가 평균이 되어 대중적인 미의 기준이 생기게 됩니다. 게다가 마른 체형을 가진 인플루언서들이 대체로 인기가 많으니, 우리는 주로 마른 체형을 가진 사람을 소셜미디어에서 많이 접하게 되지요. 따라서 소셜미디어에서 얻게 되는 정보는 왜곡된 평균을 만들고 있다고 볼 수 있습니다.

그뿐만이 아닙니다. 소셜미디어에 사진 한 장을 올리기 위해 수백 장을 찍고, 그중 가장 예쁘게 잘 나온 사진을 선별하여 지극정성으로 보정까지 하죠? 달리 말하면 미의 평균을 만들어 내는 수많은 데이터가 이미 왜곡된 채로 소셜미디어에 떠다니고 있어, 현실과는 거리가 먼 외모를 머릿속에 저장하게 됩니다. 현실에는 존재하지 않는 완벽한 아름다움과 우리 자신의 모습을 비교하면 당연히 크나큰 괴리가 생기겠지요? 사춘기에는 몸이 통통해졌다가 키가 쑥 크기도 하고, 얼굴의 하관도 계속 길어집니다. 몸과 얼굴의 비율이 균형을 이루지 못하고 들쑥날쑥하게 자라는데 '가상의 완벽한 성인'과 비교하는 것은 적절하지 않습니다.

세상의 중심에 나를 두다

사춘기에는 자신의 위치를 가늠하고 가치관을 정립하는 과정을 거칩니다. 집단생활을 하는 동물들이 그러하듯 자연의 섭리에 따라 알파가 있으면 오메가도 있지요. 우리는 주변을 늘 주의 깊게 살피면서 자신이 지금 어느 정도의 위치에 서 있는지 계속 확인합니다. 또한, 내가 주변 사람들에게서 큰 관심을 받으며 계속 평가받고 있다고 착각하지요. '완벽한 외모', '완벽한 인성', '완벽한 성적'을 보여야 내 주변 사람들을 만족시킬 수 있다고 믿으며, 허황된 목표를 이루기 위해 노력합니다. 그러나, 머지 않아 이상적인 상황과는 너무 다른 현실에 좌절하게 되지요.

문제는 사춘기의 특성상 불안과 공포가 아주 크게 느껴진다는 것입니다. 자신이 생각하는 이상적인 모습에서 조금만 벗어나도, 모든 사람들이 자신에게 손가락질할 거라는 두려움에 급기야 열등감과 자존감 저하라는 수렁에 빠질 수 있습니다. 또한, 연예인처럼 마른 몸매를 가지기 위해 다이어트를 과도하게 시도하면 건강을 잃을 수도 있고, 정신적으로도 너무 지쳐 버릴 수 있어요.

만약 주변 사람들의 시선과 평가가 걱정이라면, 이렇게 한번 생각해 보면 어떨까요? 내가 그들의 '관심 대상'이라고 생각하듯이, 내 주변 사람들도 본인이 세상의 중심에서 관심을 받고 있다고 생각하지 않을까요? 내가 '나'에 대해 고민하는 시간은 길지만 남을 평가하는 데 들이는 시간은 적듯이 다른 친구들도 타인에게 별로 신경 쓰지 않을 거예요. 남들이 나를 끊임없이 관찰한다고 생각하는 것은 크나큰 착각입니다. 내 뒷담화를 하는 친구가 있다고 한들 아주 잠깐일 뿐입니다. 사람들은 타인을 그다지 신경 쓰지 않아요. 그러니 주변 사람의 시선과 평가에 휩쓸리거나, 과거를 돌아보며 잘잘못을 따질 필요가 없습니다.

그리고 날 우울하게 만드는 원흉이 소셜미디어라는 것을 알아야 해요. 만약 소셜미디어 중독이라면 앱을 하루라도 빨리 지우는 것이 좋습니다. 소셜미디어를 과감히 지워 버리면 작아진 자존감이 다시 살아날 수 있어요. 매일 보는 친구들도 다 나처럼 미숙한 존재라는 것을 인지해야 하고요. 우리 모두 다 완벽한 존재가 아닌데, 왜 그리 겁을 내나요? 지금은 교우 관계가 어떻든 일단 잘 먹고 잘 자는 것에만 집중하면 됩니다.

그리고 남 눈치 보며 겁낼 시간에 자신을 위한 공부를 조금이라도 더 하는 것이 훨씬 이득입니다.

- 소셜미디어의 사용 시간을 줄이고, 좋아하는 취미 활동을 하면서 부정적인 감정을 해소하기
- 타인과 자꾸만 비교하게 된다면 나의 강점을 먼저 떠올리기
- 내 강점이 무엇인지 모르겠다면 자신이 가장 좋아하는 활동을 하며 자기 자신을 이해하는 시간 가지기

6

사춘기 내내 남학생들은 툭하면 골절상을 당합니다. 골절상을 당하는 이유도 참 다양해요. 축구하다가 친구와 부딪쳐서 다치고, 스케이트나 자전거를 타면서 묘기를 부리다가 다치고, 아무 이유 없이 계단에서 뛰어내리다가 넘어지고, 심지어는 가만히 있는 벽을 치다가 뼈를 다칩니다. 사춘기에는 뼈가 빨리 자라지만 밀도와 강도는 그다지 높지 않아요. 너군나나 체중노 빨리 늘어나는 시기잖아요? 체중에 비해 몸의 근육량은 적기 때문에, 뼈에 가해지는 충격량이 커집니다. 그래서 사춘기의 연약한 뼈는 작은 충격에도 쉽게 부러질 수밖에 없어요. 게다가 뼈의 성장 속도와 인대가 자라는 속도가 다르고, 신체 균형이 잘 맞지 않아 몸을 제어하는 능력이 다소 떨어집니다. 또한 성장판은 연골 조직이라서 외부 충격에 약하고 쉽게 다쳐요.

친구들에게 멋지게 보이고 싶은 마음

사춘기에는 친구들의 평가에 더 예민하게 반응합니다. 당연히 그럴 수밖에 없어요. 사춘기 내내 청소년은 자신이 속한 집단에서 어느 위치에 있는지를 가늠하는데, 부모보다는 친구들과 훨씬 많은 시간을 학교와 학원에서 보내게 되잖아요. 이 시기에는 성호르몬도 갑자기 많아지지만, 도파민도 평소에 많이 분비됩니다. 따라서 어지간한 자극으로는 도파민을 더 뿜어내는 건 어렵지요. 결국, 위험한 행동을 하며 도파민을 채우려고 합니다. 자전거를 탈 때에는 손을 놓고 내리막길을 빠르게 내려간다든지, 자전거 안장 위에 서서 묘기를 부린다든지, 바퀴 한쪽을 들고 위태롭게 타며 짜릿함을 느끼지요. 그리고 평소에 늘 실패하던 어려운 묘기에 성공하면, 아주 큰 희열을 느끼고 또 시도하려고 합니다. 안전 장비도 없이 건물과 건물 사이를 뛰어넘는 어려운 파쿠르 동작을 연습하는 사람도 이런 짜릿함에 중독되었다고 볼 수 있어요.

친구들 앞에서 어려운 묘기를 부리면, 모두가 나를 우러러보지 않겠어요? 그래서 사춘기 청소년들은 오늘도 친구들 앞에서 위험한 행동을 하는 중입니다.

나는 쉽게 다치지 않을 거라는 믿음

축구나 야구를 할 때 다치는 것도 같은 맥락으로 이해하면 돼요. 공격수의 공을 멋지게 태클해서 빼내면 구경하는 친구들이 놀라워하면서 크게 응원하겠죠? 2루와 3루 사이에서 빠지는 공을 마치 프로야구선수처럼 몸을 뻗어 공중에서 낚아채면 얼마나 멋질까요? 하지만, 이 시기에는 몸이 완전히 성장하지 않아서 신체 협응력이 부족합니다. 아무리 많이 연습한 기술이라고 해도, 균형을 잘 잡지 못할 때가 있어요. 게다가 멋진 모습을 보이고 싶은 욕망은 누구에게나 있기 때문에, 2루수가 몸을 뻗었을 때 역시 3루수도 달려와서 공을 잡으려고 할 겁니다. 그러다 보면 서로 부딪쳐서 치아가 부러지든, 뼈에 금이 가든, 병원에 함께 실려 가는 일이 생길 수 있으니 조심하세요.

때로는 친구들의 강요로 위험한 행동을 할 때도 있습니다. 친구들이 아찔하고 위험해 보이는 일을 차례로 시도한 다음에 "너도 해 봐. 정말 별거 아냐."라고 한다면, 거설하기가 힘들어요. 친구들 사이에서 겁쟁이로 인식되면 나를 무시하고 배척할까 봐 겁이 나니까요. 그렇다고 한들, 한 번도 해 본 적 없는 묘기를 부리다 보면 사고는 일어나게 됩니다. 사춘기의 뇌는 충동과 보상을 담당하는 변연계의 발달은 빠르지만, 충동을 제어하는 대뇌피질의 발달이 더딥니다. 이 판단 능력의 미숙함으로 인해, 사춘기 학생들은 자신에게 사고가 일어날 가능성을 너무 얕잡아 보게 됩니다. 그런데 3층에서 뛰어내리면 다치거나 죽을 수도 있다는 것을, 유속이 빠른 강물에 뛰어들면 휩쓸려 죽을 수도 있다는 것을 머리로는 잘 알고 있어요. 하지만 그런 일은 나에게는 일어나지 않을 것이라는 확신으로 위험한 행동을 서슴지 않고 하는 학생들이 많습니다.

위험한 일을 자꾸만 찾아 나서게 하는 호르몬

테스토스테론**Testosterone**이 분출되고 도파민의 유혹에 휩싸이는 사춘기 남학생들은 다양한 경로로 쉽게 다칠 수 있어 주의가 필요합니다. 그러면 어떻게 해야 친구들 앞에서 객기 부리는 것을 좀 줄이고 덜 다칠 수 있을까요?

도파민은 위험한 행동을 하지 않아도 얻을 수 있습니다. 그림을 그리면서, 음악을 들으면서, 흥미진진한 책을 읽으면서도 얼마든지 얻을 수 있어요. 헬멧과 보호대를 착용하고 자전거나 스케이트보드를 타거나 실내 암벽 등반을 하면 안전하면서도 짜릿함을 느낄 수 있습니다. 스포츠 클럽에 들어가서 코치의 지도하에 야구나 축구를 제대로 배워 보는 것도 좋은 방법이 될 수 있어요.

여러분이 기억해야 하는 건, 좋은 친구는 절대로 주변 사람을 위험에

내몰지 않는다는 겁니다. 만약 위험한 행동을 강요하는 친구가 있다면, 과감하게 거부 의사를 표현하세요. 이 또한 '강함'의 증거이고 이에 따라 친구들의 인정을 받을 수 있습니다. 내 주변의 위험한 것들을 정확히 파악하고 안전장치를 마련한다면 안전하고 즐거운 사춘기를 보낼 수 있을 겁니다.

- 뇌가 성장하는 시기에는 흑백 논리에 쉽게 빠질 수 있으니, 친구들과 다르다는 이유로 섣불리 자신이 이상하다고 판단하지 말기
- 위험한 행동을 하려는 충동이 자꾸만 생긴다면 3초 정도 숨을 가다듬고 정말 시도해도 괜찮은지 다시 생각해 보기

7

이성 친구 앞에 서면 부끄러워서
도망치고 싶지만, 관심은 받고 싶어요

짝짓기 철이 되면 수컷 산양들은 서로의 뿔을 부딪치며 누가 더 강한지 겨룹니다. 승자가 되어 마음에 드는 짝을 얻기 위함이죠. 그런데 그 옆을 보면 아직 덜 자란 수컷들도 서로 박치기를 하고 있습니다. 다 자란 산양들을 따라 하며 미래에 해야 할 행동을 미리 연습하는 셈이지요. 꼭 산양만 그런 것이 아니에요. 북극에 사는 바다코끼리도 싸우고, 사막이나 덤불숲에서 사는 코끼리도 싸우고, 심지어 동물의 왕으로 불리는 사자도 싸웁니다. 동물의 세계에서는 생명의 위협을 감수해야 짝을 찾을 수 있으니까요. 반면에 인간 세계에서는 짝을 찾기 위해 서로 박치기는 하지 않죠. 하지만 뛰어난 신체나 두뇌 능력과 주변을 압도하는 리더십 그리고 깔끔한 인상을 가진 사람은 이성의 관심을 받기 쉽습니다.

마음에 드는 이성에게 잘 보이기 위한 관심 끌기 전략

사춘기에는 자신이 짝을 찾을 수 있을지, 그리고 어떻게 하면 이성에게 매력적인 존재가 될 수 있을지를 계속 고민합니다. 이전에는 이성에게 딱히 관심이 없었더라도 몸속 호르몬이 그렇게 하도록 부추기니까요.

그런데 이성의 주목을 받기 위해서는 먼저 관심을 끌어야 하잖아요? 균형 잡힌 외모와 상냥한 성격을 가진 이성 친구들의 경우에는 주변 친구들이 이미 호감을 표시했을 가능성이 높습니다. 게다가 매력적인 그 친구는 자신이 관심의 대상이라는 것을 어느 정도는 알고 있을 거예요. 경쟁자가 많아서 곤란하다는 생각이 들 때, 이목을 쉽게 끄는 방법이 있습니다. 바로 상대가 깜짝 놀랄 행동을 하는 거죠. 괜히 만만한 친구를 골라 쉬는 시간에 레슬링을 하거나, 선생님의 말씀에 대뜸 반항하거나, 복도에서 큰 목소리로 노래를 부르며 돌아다니는 거죠. 어떤 친구들은 남들을 웃기려고 노력을 합니다. 이는 본인이 유쾌하고 사람들을 기분 좋게 만드는 상섬이 있다는 걸 홍보하고 싶은 마음에서 나오는 행동입니다. 또, 어떤 친구들은 또래 집단에서 약자를 자처하기도 합니다. 자신의 유약한 모습을 솔직하게 드러내면, 이성 친구들이 동정심을 느끼고 다가올지도 모른다고 생각하는 거죠. 소셜미디어에 꾸며진 일상이나 재미난 동영상을 올려 관심을 끌려고 하는 친구들도 있지요.

사람은 참으로 복잡한 존재입니다. 이성 친구가 궁금해서 다가가고 싶다가도, 그 친구가 나를 좋아하지 않으면 어쩌나 괜히 두렵잖아요? 용기를 내어 말을 건다고 해도 과도하게 긴장한 나머지 허공에 두 손을 휘저으면서 말을 빨리하거나, 큰 목소리로 더듬거리거나, 얼굴이 토마토처럼 새빨개지기도 합니다. 반대로 남들을 위협하고 불량한 모습을 보이며, 수업 시간에 엎드려 자기도 하고, 담배를 보란 듯이 피우는 친구들도 있지요? 이런 행동을 하면 이성 친구들에게 왠지 매력적인 모습으로 보인다고 착각해서 그럴 수도 있습니다. 어떤 경우는 자신감이 너무 떨어져서 이성 친구들을 피해 다닙니다.

편안하고 다가가기 쉬운 매력적인 사람이 되는 법

마음에 드는 이성의 관심을 얻으려면 어떻게 해야 할까요? 우리는 어른들의 모습에서 해답을 찾을 수 있습니다. 외적 매력이 다소 떨어지는 사람도 아주 빛나는 짝을 찾는 경우가 많잖아요? 야생에서 벗어나 문명사회에 사는 우리는 당차게 자신의 삶을 꾸려나가는 사람들을 높게 평가합니다.

주어진 일에 충실하고, 사회 규범을 잘 지키고, 본인이 생각하는 미래의 모습에 다가가기 위해 열심히 노력하는 사람은 언제나 찬란한 빛이

납니다. 굳이 학급의 광대가 되어 자기 비하 개그를 하지 않아도 얼마든지 이성 친구들의 관심을 받고 호감을 얻을 수 있어요. 다른 사람의 이야기를 끝까지 경청하고, 공감한다면 언제 어디에서나 시선을 끌 겁니다. 있는 그대로의 나를 숨기지 않고 표현한다면, 이성 친구들과 대화하는 기술을 자연스럽게 익혀 아주 당당하고 매력적인 어른으로 자라날 수 있을 거예요.

어른이 되면, 여러 사람과 협동하여 공동 프로젝트를 수행해야 할 때가 많습니다. 이 팀에는 남성과 여성이 섞여 있을 가능성이 매우 높습니다. 사춘기에 이성 친구들과 대화하는 기술을 익혀 두면 평생의 짝을 찾는 데 수월할 뿐만 아니라, 사회에서 여러 부류의 사람들과 쉽게 어울리고 소통할 수 있어서 성공의 사다리를 오르는 데 큰 도움이 될 것입니다.

- 친구와 얼굴을 마주 보며 친밀한 관계를 쌓기(SNS로 소통하는 방식은 감정을 알기 어려워 오해가 생기기 쉬움)
- 섣부른 '고백 공격'은 흑역사를 만들 수 있으니, 좋아하는 친구의 관심사가 무엇인지 관찰하고 천천히 다가가기

8

학교 선생님이 왜
만만하게 느껴질까요?

선생님의 지시를 무시하고 자기 마음대로 행동하는 친구들이 있습니다. 스마트폰을 수업 시간에 사용하고 싶다는 이유로 선생님의 지시에 반항하거나, 심하게는 선생님을 폭행하는 사례도 있지요. 대체 이런 행동은 왜 하는 것일까요?

지금보다 더 어렸을 때는 고개를 높이 들어야 비로소 어른들의 얼굴을 똑바로 볼 수 있었습니다. 그러나 사춘기에 키가 점점 자라면서 어른들과 눈높이가 엇비슷해지고, 심지어는 위에서 내려다보는 학생도 있죠. 예전에는 어른이라고 하면 지식도 많고, 인격적으로 훌륭하고, 키도 크고, 힘도 세다고 생각했는데, 나이가 들면서 어른들도 모르는 것이 많으며 비윤리적인 행동도 한다는 것을 알게 되지요. 체격에서도 어른들에게 밀리지 않는다는 것을 느끼게 되면서 그다지 훌륭하지 않은 어른들의 이야기에는 귀를 닫게 됩니다.

근거 없는 자신감이 솟아나는 시기

사춘기에는 뇌에 여러 가지 호르몬이 범람하게 됩니다. 테스토스테론 수치가 높아져서 경쟁심과 공격성이 커지고, 도파민의 기저 수위도 높아져서 점점 더 자극적인 것을 찾게 되지요. 또한, 스트레스 호르몬인 **코르티솔**도 함께 높아져서 스트레스와 불안감이 증가합니다. 거기에 전전두엽은 아직 미숙한 상태라 옳은 판단을 잘하지 못하여 충동적으로 행동하고 위험한 사고를 일으키기도 합니다. 자신은 특별한 존재라서 나쁜 일은 절대로 생기지 않을 거라는 '근거 없는 믿음'을 가지는 시기이기도 하지요.

동물의 세계에서 수컷 두 마리가 치열하게 싸울 때, 배에 상처가 난 동물이 그 부분을 자꾸 가리려고 한다면, 다른 쪽은 그 약점을 파고들어 승리를 쟁취하려고 하겠죠? 그런데 학교 선생님도 사람인지라 가끔은 논리적 오류를 범할 수도 있고, 어떤 사실을 잘못 기억할 수도 있고, 수학 문제 풀이를 틀릴 때도 있습니다. **테스토스테론**이 넘쳐 경쟁심과 공격성이 높아진 상태에서는 선생님의 실수를 공격해야 할 '약점'으로 볼 수 있어요. 게다가 사춘기의 뇌는 계속 발달하는 단계라 어린아이일 때보다 훨씬 더 복잡하고 어려운 논리적 추론을 해냅니다. 그렇기에 선생님과 논쟁해도 가뿐히 이길 수 있겠다는 생각이 들 수도 있고요. 또 뇌에서 흐르는 도파민에 취해 선생님의 오류를 계속 지적하고, 논쟁을 벌여 이기려고 들 수도 있습니다.

친구들에게 인정받으려고 선생님과 다투는 것은 좋지 않다

선생님이 수업 시간에 자세를 똑바로 하라거나 정신 차리고 앞에 보라고 말씀하시면, 변연계가 지나치게 활성화된 학생들은 자신에 대한 비난으로 받아들입니다. 그리고 선생님이 특정 학생을 편애하는 기미가 보이면, 선생님을 공정하지 못한 인간으로 판단하고 대립해야 하는 존재로 인식할 수도 있어요. 일부 학생들은 선생님이 자신에게 일절 관심 없고 조언도 제대로 하지 않는다고 착각하여 일부러 문제가 되는 행동을 하기도 합니다. 혹은 가정 상태가 불안정하여 애정 결핍 상태일 경우, 가정에서 얻지 못하는 관심과 애정을 학교에서 얻으려고 하지요. 그러나 많은 학생을 돌봐야 하는 선생님에게서 충분한 애정을 받기란 어려우니 차선책으로 일종의 '떼'를 쓰는 것입니다.

학교 선생님에게 대드는 것은 또래 집단의 존경을 얻기 위한 수단으로 볼 수 있어요. 만약 수업 시간에 논쟁으로 선생님을 이긴다면, 친구들 사이에서 당돌하고 멋있는 친구로 여겨져서 단번에 리더 자리까지 급부상할 수도 있으니까요. 하지만 친구들에게 인정받고 싶은 마음이 잘못 표출되면 선생님과 말싸움이나 몸싸움을 할 수도 있어요. 특히 덩치가 큰 남학생은 키가 작고 힘없는 선생님들을 쉽게 제압할 수 있어 더 위험하지요. 반 친구들 모두에게 인정을 받는 행동은 아니지만 불량한 친구들 사이에서는 인정받을 수 있으니 괜히 튀는 행동을 더 합니다. 그러나 인생 전체에 영향을 미치는 불이익(퇴학, 전학 등)을 받을 수도 있다는 걸 우리의 미숙한 전전두엽은 알아채지 못합니다.

달라진 교실 문화

학생들이 선생님에게 함부로 대하는 것은 사회 문화의 변화 탓도 있습니다. 어느 순간부터 우리 사회는 자본이 사람의 수준을 나누는 기준이 되어 버렸습니다. 잘 나가는 인기 유튜버, 프로 스포츠 선수, 연예인 등 돈을 많이 버는 직업과 다르게 학교에서 학생을 가르치는 교사라는 직업은 '부'와는 거리가 멀죠. 학원 1타 강사는 성적을 올려 주고 돈도 많이 버는 사람이라 존경할 만하지만, 권위가 느껴지지 않고 학생들에게 휘둘리는 학교 선생님은 별로 존경할 가치가 없다고 생각하기 쉽습니다. 게다가 두발이나 복장 규제가 사라지고 학생의 인권이 강화되면서 학교 선생님들은 학생들을 통제하기 힘들어졌습니다. 그리고 학생들을 배려하는 차원에서 친절하게 행동하는 '친구 같은 선생님'이 많아졌습니다. 이로 인해 선생님을 '친구처럼 편안하게 대해도 되는 사람'으로 바라보고 사회적으로 용납할 수 없는 불손한 행동을 저지르는 사례가 많아지고 있습니다.

우리의 성장을 지켜봐 주는 감사한 어른

사춘기에는 독립성과 자율성을 쟁취하기 위해 부모님을 극복해야 하는 대상으로 인식하듯이, 학교 선생님을 극복의 대상으로 바라보는 것은 지극히 자연스러운 현상입니다. 하지만 부모님과 선생님은 나의 성장이 올바르게 이루어지기를 바라는 어른들이라는 것을 기억해야 합니다. 따라서 극복해야 할 대상이 아니라, 내가 성장하는 데 조언과 도움을 주는 사람들이라는 것을 명확하게 인지해야 해요.

아직은 학교에서 배워야 하는 것이 많답니다. 학업뿐만 아니라 사람을 사귀는 방법과 다양한 연령대의 사람들과 친해지는 방법, 그리고 예의바른 행동이 무엇인지, 어려운 상황에서는 어떻게 대처하면 좋은지 등 사회에서 꼭 필요한 생존 기술을 학교에서 배울 수 있어요. 그러니 뇌가 '선생님을 물리치고 빨리 도파민이 나오게 해!'라고 자꾸 명령해도,

전전두엽을 최대한 가동하여 충동을 자제하고 조절하려고 노력해 보

세요. 그러다 보면 어느샌가 멋진 어른이 되어 있을 거예요.

- 선생님에게 무작정 대드는 것과 정중하게 의견을 내는 것에는 분명한 차이가 있다는 것을
  인지하기
- 속상한 내 마음을 전달할 때는 '나-전달법'을 사용하여 어떤 부분이 속상했는지 정확하게
  표현해 보기

9

무서운 친구 앞에서도
당당하게 굴고 싶어요

싸움을 잘 하기로 소문난 친구가 내 이름을 부르며 자기네 쪽으로 빨리 와 보라고 합니다. 평소에 친하지도 않았고 불량한 이미지 때문에 무서워서 늘 거리를 두었는데, 대체 왜 나를 부르는 것일까요? 다가가는 순간에도 입안이 바싹 마르고 심장은 빠르게 쿵쾅거리며 머릿속이 새하얘집니다. 게다가 어찌 된 영문인지 어깨가 축 처지네요. 내 몸에서 무슨 일이 일어나고 있길래 이런 반응을 보이는 걸까요?

무서움을 감지하면 생기는 몸의 변화

동굴 생활을 하던 우리 선조가 큰 늑대를 마주치면 어떻게 행동했을까요? 상상력을 발휘해서 당시 상황을 머릿속에 그려 보세요. 늑대의 사나운 눈빛과 거대한 송곳니를 보면서 오줌을 쌌을 수도 있겠지요? 만약 늑대와 싸워서 이긴다면 맛있는 고기를 얻게 되겠지만 그럴 가능성은 별로 없어 보입니다. 그런 상황에서 우리의 선조가 선택할 수 있었던 것은 죽을힘을 다해 싸우는 것과 후들거리는 다리를 진정시키고 재빠르게 도망가는 것 중 하나였습니다.

지금은 도시 생활이 보편적이라 야생의 동물들을 만나기는 어렵지만, 무서운 존재 앞에 섰을 때 우리 몸속에서 일어나는 화학 현상은 그때와 하나도 달라진 것이 없어요. 아드레날린**Adrenaline**, 코르티솔**Cortisol**, 노르에피네프린**Norepinephrine**이라는 호르몬은 예나 지금이나 위험을 감지하면 우리 몸에서 만들어지죠. 아드레날린이 분비되면 심장이 갑자기 빠르게 뛰며 혈압이 치솟고, 온몸의 근육은 경직되어 위험 상황에서 벗어나기 위해 당장 도망갈 준비를 하게 됩니다. 코르티솔은 소위 '스트레스 호르몬'이라고 부르는데, 이 호르몬이 많이 분비되면 소화 능력이 급격히 떨어지고 오로지 생존에만 집중하게 됩니다. 그리고 노르에피네프린이 분비되면 모든 신경을 당장 눈앞의 문제에만 집중하는 각성 상태에 빠지게 됩니다. 무서운 존재 앞에서 머릿속이 하얗게 변하는 것이 바로 이 세 가지 호르몬의 작용 때문이지요. 그래서 체구가 크고 힘이 센 친구 앞에 서면, 심장이 터질 듯이 뛰고, 자꾸 고개를 숙이게 되고, 오직 친구의 목소리만 들리면서 주변 상황이 보이지 않게 되는 겁니다.

테스토스테론이 많이 분비되면, 경쟁심을 유발하고 상황을 장악하고 싶은 심리를 만들어 내잖아요? 그러나 이렇게 주눅이 든 상황에서는 테스토스테론 수치가 갑자기 뚝 떨어집니다. 이 호르몬의 수치가 떨어지면, 싸움 본능은 사라지고 즉시 상대방에게 복종한다거나 상대를 회피하려는 성향이 강하게 생기지요. 이때 무리에서 인정받지 못하고 외톨이가 될지도 모른다는 두려움에 빠지면, 행복감을 느끼게 해 주는 세로토닌 호르몬 수치도 같이 뚝 떨어집니다. 그러면 행복감을 전혀 느끼지 못하고, 마음이 우울하고 불안하게 되지요.

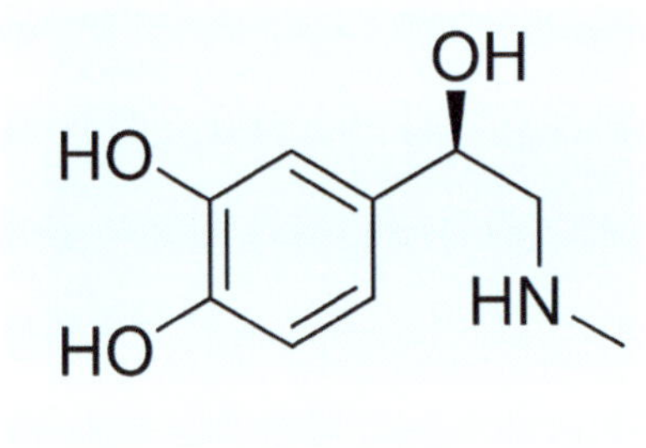

▲ 아드레날린 분자 구조
(Adrenaline)

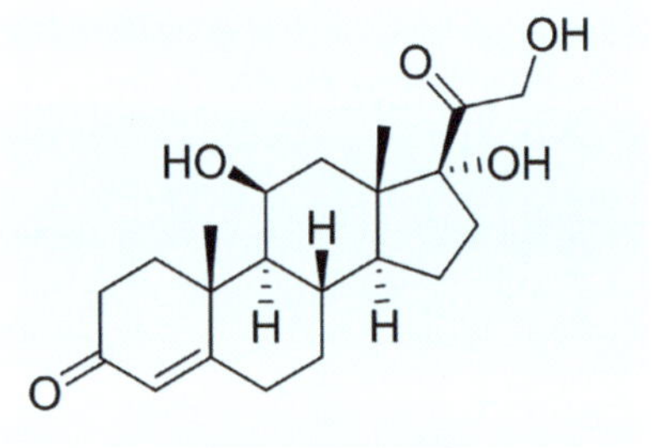

▲ 코르티솔 분자 구조
(Cortisol)

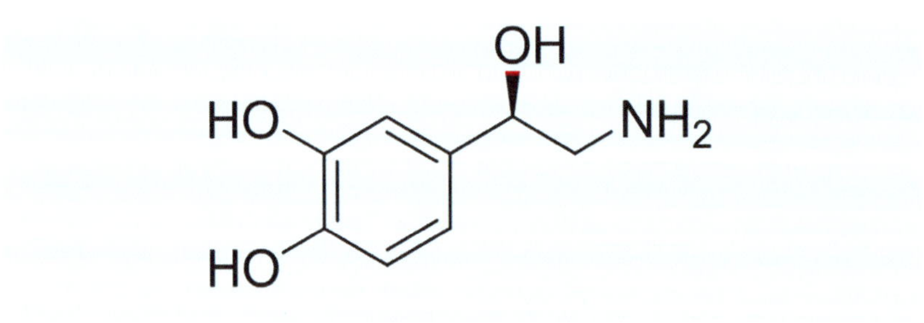

▲ 노르에피네프린 분자 구조
(Norepinephrine)

괴롭힘을 당하면 몸에서 일어나는 변화

무서워 보이는 친구가 단순히 체육복이나 교과서를 빌리는 거라면 참으로 다행입니다. 하지만 폭력을 행사한다든지 돈을 빼앗는다든지 같이 다니는 친구에게 장난으로 괴롭혀 보라고 지시한다면, 심각한 문제가 생길 수 있습니다. 우리의 뇌는 반복되는 것을 학습하고 장기 기억으로 남깁니다. 만약 그 친구가 곤란한 행동만을 골라서 지속적으로 시킨다면, 힘센 친구의 목소리만 들어도 몸에서 아드레날린과 코르티솔이 분비되어 심장이 두근거리고 마음은 불안해지며 매우 무기력해져요. 또한 상황이 호전되지 않고 괴롭힘의 강도가 세진다면 무리한 요구에 맞서 싸울 의지가 완전히 꺾여서 학교를 떠올리기만 해도 우울하고 괴로워지지요.

학교 폭력과 따돌림을 단순히 물리적으로 몸을 다치거나 일시적으로 마음이 상하는 것으로만 생각해서는 안 됩니다. 학교 폭력에 지속적으로 노출되면 우울증이나 성적 저하, 그리고 대인 기피 외에도 목숨을 끊는 극단적인 행동으로 이어질 수 있습니다. 혹은 참나못해 학교 폭력 가해자 학생에게 흉기로 상해를 입힌 사건처럼 안타까운 일이 일어날 수 있습니다. 그러므로 학교 폭력이나 따돌림은 절대로 용납되어서는 안 됩니다.

혹시나 하루하루가 무기력하게 느껴진다면, 내 몸이 두려움의 신호를 보내는 것이니 '나'를 세심하게 돌볼 필요가 있습니다. 그리고 우리의 몸이 방어기제로 아드레날린과 코르티솔, 그리고 노르에피네프린을 분비한 것이니 너무 자책하지 마세요. 우리 인간이 그렇게 진화된 걸 어쩌겠어요. 게다가 지금은 야생의 늑대나 곰에게 위협당하며 살지는 않잖아요? 혹시라도 학교 폭력이나 따돌림을 당하게 된다면, 옛 선조들처럼 맞서 싸우거나 도망가지 않아도 문제를 해결할 수 있는 좋은 방법을 알려드릴게요.

혼자서 해결할 수 없다면 주변에 도움 요청하기

만약 학교 폭력을 당하고 있다면, 선생님이나 부모님께 바로 알리세요. 학교 폭력 가해자들이 뻔뻔하게 살아갈 수 없도록 조치를 내려야 합니다. 그러니 고통을 혼자 버티려는 생각은 접어 두고 학교 선생님과 부모님에게 용기를 내어 도움을 요청하세요. 상대가 보복할까 봐 주변에 알리는 것이 어렵겠지만, 가해 학생도 앞으로의 인생이 길게 남아 있기 때문에 더 이상 함부로 행동하지는 못할 겁니다. 내 소중한 인생을 타인이 함부로 망치지 못하도록 적극적으로 행동하세요. 그리고 맛있는 것을 더 챙겨 먹으려고 하고, 내 몸에 맞는 운동을 하거나 공감을 표하는 친구들과 좀 더 친하게 지내려고 노력해 보세요. 그렇게 한다면 행복 호르몬인 도파민과 세로토닌이 흘러나와서 코르티솔의 악영향이 몸을 망치지 않도록 도와줄 것입니다. 게다가 운동을 열심히 하면 어느

샌가 자존감이 높아져 무서웠던 친구가 아무렇지 않게 느껴질 거예요. 우리 모두 행복하고 안전하게 살 권리가 있어요. 그러니 학교 폭력의 정도가 심하지 않다고 해도, 주변 어른들에게 꼭 알려야 합니다. 생각보다 빠르게 일이 해결될 수 있어요. 혹시나 긴급한 상황일 때는 가장 먼저 '117' 또는 '1388'로 연락하거나 믿을 수 있는 어른에게 바로 문자를 보내서 안전망을 확보하길 바랍니다. 뭐든 조심해서 나쁠 건 없으니, 위 전화번호들은 스마트폰에 단축키로 꼭 저장해 두세요. 그렇지만 단축키를 누르지 않아도 되는 즐거운 학교생활을 보낼 수 있기를 바랍니다.

- 주눅 든 몸짓은 더욱 만만하게 보일 수 있으니 당당하게 행동하기
- 마음이 조마조마하고 숨쉬기가 어렵게 느껴진다면 눈앞에 보이는 사물 5가지의 이름을 천천히 말해 보기

10

시험 시간만 되면
도망치고 싶어요

중요한 시험을 앞두고서 소변이 자꾸 마렵거나 배가 사르르 아파서 화장실을 여러 번 오갔던 경험이 있나요? 시험을 잘 봐야 하는데 혹시나 못 보면 어쩌나 걱정하는 마음이 커져서 생기는 현상이랍니다. 우리 뇌는 시험의 압박을 야생의 곰과 마주쳤을 때와 유사한 '생존 위협'으로 인식하는 경향이 있습니다. 아주 현실적으로 본다면 우리가 시험지에 삽아먹힐 일은 없시만, 시험을 망쳤을 때의 결과(예를 들면 엄마의 실망한 모습)가 뇌에는 극심한 스트레스로 다가오는 것이죠. 우리 몸은 극심한 압박감과 불안을 느낄 때마다 아드레날린과 코르티솔을 분비합니다. 심장을 토하고 싶을 정도로 심박수가 올라가고, 혈압은 높아지며, 손이 축축할 정도로 땀이 나지요. 그런데 코르티솔이 과도하게 분비되면, 우리 몸은 음식을 소화하는 일에는 별로 관심을 두지 않습니다. 뇌는 '지금 당장 죽느냐 사느냐'의 갈림길에 직면했다고 판단하는 데 소화가 잘되든 안되든 그게 무슨 대수겠어요?

시험으로부터 도망치고 싶을 때

아드레날린과 코르티솔이 갑자기 증가하면, 음식물을 소화하는 기관이 일시적으로 빠르게 일을 처리합니다. 음식물이 시간을 두고 천천히 움직여야 영양분도 제대로 빼내고 수분도 쥐어짜 낼 수 있는데, 장 속에서 음식이 너무 빨리 움직여 복통과 설사가 찾아오게 되지요. 방광도 경직되거나 민감해져서 자꾸 소변을 보고 싶어집니다. 신체적인 반응 외에도 우리가 화장실을 찾게 되는 이유가 따로 있어요. 화장실은 어떻게 보면 합법적으로 시험 스트레스에서 벗어날 수 있는 공간이잖아요? 문제를 풀지 않아도 되는 장소에서 소셜미디어의 재미있는 콘텐츠를 보고 있으면 도파민도 나오고 행복감에 빠져서 시험을 잊어버릴 수 있습니다. 그러니 화장실은 잠깐이나마 현실에서 도피할 수 있는 장소가 되어 버립니다.

시험에 공부하지 않은 내용의 문제가 나와서 머릿속이 하얗게 되는 경험을 해 보았나요? 이것도 역시 아드레날린과 코르티솔의 작용 때문입니다. 시험으로 인해 공포심이 생기면 우리 뇌는 생각을 멈추고 아드레날린을 분출하여 근육을 긴장시키고, 당장 싸우거나 도망칠 준비를 하게 됩니다. 이때, 고차원적인 인지 기능을 담당하는 **전전두엽**으로 가야 할 에너지가 근육으로 빠져나가면서 머리가 멍해지고 원래 알던 문제도 어렵게 보이는 것이지요. 게다가 스트레스를 담당하는 **코르티솔 호르몬**이 분출되면, 인지와 제어를 담당하는 **전전두엽**의 기능이 저하되어 시험을 더 보기가 어려워집니다. 전전두엽을 최대한 가동시켜 문제를 풀어야 하는데 전전두엽이 마비되었으니, 이제는 아는 문제도 어렵게 느껴지게 되지요.

시험을 잘 보려면 문제를 명확하게 파악하고, 다양한 풀이 과정 중 최선의 답을 찾아야 합니다. 오로지 문제 푸는 것에만 집중하여 두뇌를 가동해야 하지요. 하지만 과도하게 긴장하면 시험지가 눈에 들어오지 않습니다. 또한, 시험을 망칠지도 모른다는 불안한 감정이 뇌의 기능을 잠식해 버려서 유연한 사고로 문제를 풀 수 없지요. 컴퓨터를 예로 들면 바로 이해가 될 것입니다. 워드나 한글 프로그램을 구동하려면 컴퓨터의 메모리를 사용해야 하는데, 악성 바이러스가 메모리에 침투했다고 상상해 보세요. 그러면 사용하고자 하는 프로그램을 구동시키기가 어렵겠죠? 지금 하는 일이 실패하면 어떻게 될지 미리 걱정하는 것도 머리에 악성 바이러스가 들어온 것과 같습니다.

피할 수 없을 때는 즐기는 마음으로

여러분, 시험을 잘 보고 싶지요? 그렇다면, 가장 확실한 해결책을 알려 드릴게요. 시험을 잘 보려면, 공부를 미리미리 해 두어야 합니다. 아무리 공부를 열심히 해도 불안한 건 어쩔 수 없지만, 시험공부가 하나도 되어 있지 않으면 그 누구라도 시험을 잘 볼 수 없고 낮은 점수를 받을 게 뻔합니다. 그리고 가장 중요한 것이 남았어요. 시험이 나의 목숨을 빼앗을 수는 없다는 사실을 인지해야 합니다. 이번에 시험 성적이 낮게 나왔다고 해도 주눅 들지 마세요. 다음에 준비해서 더 잘 보면 되니까요. 그럼에도 긴장되고 마음이 불안하다면, 생각을 달리해 보세요. 시험 결과가 좋지 않아도 세상은 끝나지 않고 내가 좋아하는 분야를 찾을 수 있다고요. 자신감이 가장 중요합니다. 만약 과도한 스트레스와 불안으로 근육이 경직되면 일단 크게 심호흡을 해 보세요. 의식적으로 깊게 숨을 들이마시면 우리의 몸은 '이제 안전하다.'라는 신호로 이해하고 부교감 신경계를 활성화합니다. 그러면서 심박수도 다시 안정적으로 유지되고 긴장된 근육도 편안하게 풀어져서 뇌의 유연성을 되찾을 수 있을 거예요.

원래 공부에는 왕도가 없습니다. 공부에 투자한 만큼 성과가 나오는 것이죠. 그러니 오늘부터라도 매일 30분씩 공부하는 습관을 들여 보세요. 세상에 공부가 재미있다고 느끼는 사람은 거의 없습니다. 반복 행위로 지식을 얻어 낼 수 있는 공부는 대부분의 사람에게 스트레스일 뿐이죠. 그런데 시험 전날까지 미루다가 밤을 새우며 벼락치기로 공부하는 것은 더 심각한 스트레스 상황을 불러옵니다. 이를 방지하기 위해서는 매일매일 목표치를 정해 두고 꾸준히 해야 합니다. 그렇게 한다면 스트레스도 작은 크기로 나눠질 테니 편안한 상태로 시험을 준비할 수 있을 겁니다.

지금 당장은 공부가 힘들게 느껴지겠지만, 힘을 내서 목표를 향해 꾸준히 나아가길 바랍니다. 언젠가 하고 싶은 일이 생겼을 때 후회하지 않으려면 오늘의 고통은 견뎌 내야만 합니다. 지금은 잘 와닿지 않아도 시간이 지나면 이 말의 뜻을 이해하게 될 겁니다. 멀리서 여러분을 응원하고 있을 테니 조금만 더 힘을 내 보세요! 그리고 멋진 어른으로 성장하여 여러분의 이야기를 들려주세요.

- 시험지가 눈에 들어오지 않는다면 '4-7-8 호흡법'으로 몸을 이완시키기(코로 4초간 숨을 들이마시고, 7초간 멈추었다가, 8초간 천천히 입으로 내뱉기)
- 1번부터 모르는 문제라면 내가 아는 문제부터 먼저 풀어 시간과 에너지를 분배하기

모든 게 내 마음 같지 않아서
괴로운 청소년들에게

사춘기를 이미 지나온 어른들이 한결같이 하는 말이 있습니다.

"대체 그때는 무슨 생각으로 그랬는지 모르겠어."

사춘기의 뇌는 하루하루가 다르게 정신없이 발달합니다. 몸속의 남성호르몬과 여성호르몬의 수치가 높아지면서 이성 친구에게 눈길이 자연스럽게 가고, 그들의 시선을 끌기 위해 이상한 행동을 막하게 되지요. 이건 이성적인 판단을 하는 전전두엽은 아직 미성숙한데, 감정과 충동을 담당하는 뇌의 변연계는 거의 다 자라서 생기는 현상입니다. 그래서 사춘기에는 충동에 쉽게 휩쓸리고 감정이나 행동을 조절하는 것이 어렵습니다. 또한, 순간적인 충동으로 부모님이나 친구에게 함부로 말하거나 괜히 상처 주는 행동을 하고 후회하는 경우도 생기지요.

한편 사춘기는 독립적인 어른으로 자라기 위해 준비하는 시기이기도 하죠. 혼자만의 생각을 정리할 시간과 공간이 절대적으로 필요합니다. 부모님들은 달라진 내 모습에 당황하실 수도 있지만, '사춘기에 독립성을 배운다'라는 사실을 알려 드려야 합니다. 또, 사춘기의 뇌가 충동적인 행동을 유발한다는 것을 알고 이를 극복하고자 노력해야 합니다. 사춘기라는 핑계로 범죄를 저지르는 학생들도 있는데, 그것은 본인과 타인의 삶을 망칠 뿐이지요.

밥 먹을 때나 하루를 마무리하기 전이나 시간을 내어 부모님과 대화를 많이 해 보세요. 그러면 내가 어떤 상태인지 부모님께 잘 전달할 수 있고, 부모님께서도 어느 정도 독립성을 인정해 줄 거예요. 게다가 충동적인 뇌를 제어하는 방법도 배울 수 있어요. 그러니까 지금 당장 대화가 잘 통하지 않는다고 소통을 아예 끊어 버리면, 부모님의 도움이 꼭 필요한 순간에 기회를 놓칠 수도 있습니다. 가족은 어떠한 상황에서도 주저하지 않고 도움을 요청할 수 있는 최후의 보루이니 이를 지키기 위해서는 좋은 말과 밝은 태도로 서로를 아껴야 합니다. 잘 알겠지요?

2장

거울 앞의 생물학

1

몸의 비율이 이상해!
갑자기 살이 찌는 이유는 뭔가요?

인류가 동굴 생활을 하던 먼 옛날이나 과학 문명의 울타리 안에서 생활하는 지금이나 몸의 구조는 크게 변하지 않았습니다. 여전히 한 생명을 잉태하고 보호하는 일은 참으로 많은 에너지가 필요하지요. 여성의 몸은 지방세포에 지방을 저장하는데, 이 지방은 임신과 수유기의 에너지로 사용됩니다. 특히 부피가 큰 엉덩이와 허벅지에 지방을 모아 두면 임신과 모유 수유에 필요한 에너지를 안정적으로 공급할 수 있지요. 한편, 남성은 사춘기에 근육량과 골밀도가 증가하고 상체 근력이 발달하는 경향이 있습니다.

사춘기는 어린아이의 몸에서 어른의 몸으로 변하는 시기입니다. 이 시기에 일어나는 변화는 우리의 몸속 호르몬의 변화와 맞물려 있습니다.

호르몬은 작은 분자로서 혈액을 타고 온몸을 돌아다니며 '피지샘에서 피지를 분비하라!', '혈액에 있는 당을 흡수하라!', '칼슘을 이용하여 뼈를 만들어라!' 등 뇌에서 내리는 다양한 명령을 세포들에게 전달합니다. 몸속에서 일어나는 일의 종류가 참 많으니 뇌의 명령을 전달하는 호르몬의 종류도 여러 가지가 있겠죠?

신체 성장을 돕는 성호르몬

사춘기가 되면 남자아이의 몸에서는 남성호르몬인 **테스토스테론 Testosterone**의 수치가 급격히 증가하고, 여자아이의 몸에서는 **에스트로겐 Estrogen**과 같은 여성호르몬의 수치가 급격히 증가합니다. 테스토스테론은 근육의 성장을 돕고, 에스트로겐은 지방세포의 성장을 돕습니다. 그래서 사춘기를 지나고 나면 남자아이는 근육질의 남성으로 변하고, 여자아이는 부드러운 곡선형의 몸을 가진 여성으로 성장하게 되지요.

▲ 테스토스테론 분자 구조
(Testosterone)

▲ 에스트로겐 분자 구조
(Estrogen)

사춘기에는 몸이 아주 빨리 성장합니다. 하지만 성장의 순서는 일정하지 않아요. 키가 먼저 자란 후에 체중이 늘어나는 경우도 있고, 체중이 먼저 늘어난 후 키가 자라는 경우도 있습니다. 따라서 사춘기에는 내 몸의 비율이 아주 이상하게 느껴질 수도 있습니다. 하지만 이러한 불균형은 어른으로 가는 과정에서 나타나는 일시적인 현상일 뿐입니다. 시간이 더 지나고 나면 자연스럽게 몸의 균형이 맞추어지게 될 테니 그때까지는 내 몸의 변화를 잘 지켜봐 주세요.

건강한 신체를 위한 3가지 조건

성장 속도는 개인마다 어느 정도의 차이가 있습니다. 중학교 때 반에서 가장 작던 남학생이 고등학교 진학 후 큰 키로 자라 깜짝 놀라는 일도 있지요. 그러니 사춘기에 본인의 키나 체형이 또래와 너무 다르다고 좌절할 필요가 전혀 없습니다. 키가 급성장하는 동안에는 뼈가 길어지면서 생삭보나 많은 양의 에너지가 필요하니, 기기 크든 작든 영양가 높은 음식을 잘 챙겨 먹으세요. 여학생은 사춘기 후반에 에스트로겐의 영향으로 엉덩이와 허벅지에 지방이 많이 붙을 수 있는데, 이 변화 자체는 지극히 정상적인 것입니다. 다만 에너지 섭취는 많은데 활동량이 너무 적다면 체지방이 과도하게 축적되어 과체중으로 이어질 수도 있으니 건강한 식습관을 유지하고 주기적으로 운동하는 것이 중요합니다.

다시 한번 강조하지만, 사춘기는 변화의 과정입니다. 성장의 시간을 거쳐야만 안정된 신체를 가질 수 있지요. 무작정 TV에 나오는 연예인들의 체형을 동경하면서 과도한 다이어트나 운동을 한다면 몸이 제대로 성장하는 데 방해가 될 뿐입니다. 그러므로 지금은 적절한 영양 섭취와 적당한 운동, 그리고 충분한 휴식을 통해 여러분의 몸이 건강하게 균형을 찾아갈 수 있도록 도와주세요.

- 건강하게 다이어트하고 싶다면 군것질을 줄이고 균형 잡힌 식단을 지키기
- 체육관에 가기 귀찮다면 집에서라도 간단하게 운동 유튜브를 따라 하기
- 물 자주 마시기, 스트레칭하기 등 건강한 생활 습관 쌓아 보기

2

얼굴에 불쑥
피어난 여드름

어느 날 갑자기 턱 아래쪽에 생긴 작고 붉은 여드름 하나가 눈에 띕니다. 시간이 지날수록 더 크게 부풀어 오르고 통증도 심해지는군요. 어떡하죠? 여드름 때문에 얼굴이 못생겨진 것 같아요. 자꾸만 신경 쓰여 손으로 만지니 바로 옆에 여드름 하나가 더 생겼어요. 불청객처럼 찾아온 여드름 때문에 속이 너무 상하네요. 여드름은 대체 왜 생기는 것일까요?

여드름을 만드는 세균

사람의 눈에는 안 보이지만 우리의 몸속에는 수많은 균이 살고 있어요.

70kg의 성인이라면 약 2kg 정도의 균이 위와 내장 그리고 피부에서 살고 있지요. 유산균처럼 우리 몸에 도움을 주는 균도 있고, 대장균처럼 해로운 균도 있습니다. 그중 우리 피부에서 살고 있는 **쿠티박테리움 아크네스**Cutibacterium acnes라는 세균이 바로 여드름을 만들어 내는 원흉이죠. 이 균이 대체 어떤 방법으로 여드름을 만들어 내는지 살펴봅시다.

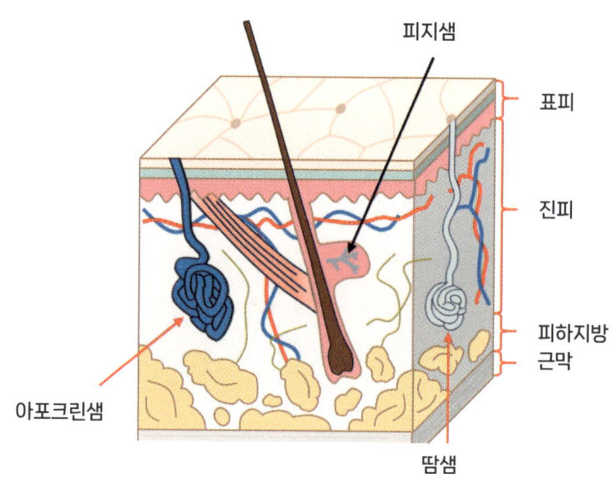

▲ 피부의 구조

표피층에는 몸에서 배출된 지방산과 왁스 성분이 코팅되어, 피부에서 수분이 빠져나가지 못하도록 도와줍니다. 그리고 이 피지층 위에는 **표피포도상구균** 같은 유익균들이 살고 있어요. 이들은 피지를 분해해 산성 성분을 만들어 냄으로써 우리 피부의 pH를 4~5.5 사이의 약산성으로 유지해 줍니다. pH는 산성도를 표시하는 숫자로 0에서 14 사이의 값을 가집니다. pH가 7 미만이면 '산성', pH가 7이면 '중성', pH가 7을 초과하면 '염기성'입니다. 이러한 산성 조건은 유해균이 번식하는 것을 막아 주는 천연 보호막 역할을 하며 피부에 트러블을 일으키는 유해균이 잘 살지 못하도록 방어합니다. 그래서 피부의 산성도를 유지해 주는 **표피포도상구균**을 유익균이라고 부르는 것입니다.

여드름을 키우는 고름의 정체

피부에는 다양한 샘들이 있습니다. 거의 물만 배출하는 **땀샘**과 모낭에 매달린 **피지샘**, 그리고 모낭 옆 귀퉁이에 연결된 **아포크린샘**까지 있지요. 모낭에 매달린 피지샘에서 지방산과 왁스 성분이 적당히 배출되면 피부에는 수분 장벽이 만들어집니다. 참 신기하지요? 피부에서 흘러나오는 약간의 기름은 건강한 피부를 만드는 데 필요한 핵심 요소랍니다. 그런데 만약 모공이 막히면 어떻게 될까요? 피지샘에서 나온 지방 성분이 그대로 모공 안에 갇히게 되면, 피부에서 살고 있던 **쿠디박테리움 아크네스**가 이것을 먹으면서 마구 증식하게 됩니다. 이 세균은 평소에는 별문제를 일으키지 않는 상재균이지만, 모낭이 막히면 염증 반응을 일으켜 여드름을 만들지요. 그러나 갑자기 세균이 증식하면 우리 몸을 지키고 있던 **백혈구**들이 가만히 있지 않습니다. 세균과 백혈구들이 서로 싸우게 되고 죽은 균은 잔해를 남깁니다. **따라서 여드름 속 고름은**

이제 여드름이 어떻게 생기는지 잘 알겠지요? 모공이 막히게 되면 그 안에 있는 피지 성분이 밖으로 흘러나오지 못하고, 피부에서 살고 있던 여드름 균이 그 피지 성분을 먹으면서 증식합니다. 세균 증식이 심해지면 여러분이 싫어하는 여드름이 생기지요. 여드름이 생기지 않으려면 무엇보다 모공이 막히지 않게 관리하는 것이 참 중요하겠죠?

여드름을 악화시키는 세안제와 세안법

'대체 얼마나 안 씻길래 모공이 막히는 거야?'라고 생각할 수도 있지만, 실은 청결을 위해 했던 행동들이 여드름을 유발하기도 합니다. 여드름을 유발하는 습관에 대해서 좀 알아볼까요? 피부에서 수분이 빠져나가지 못하도록 장벽을 만들어 우리 피부를 보호하는 산성 물질 **지방산**(유기산 혹은 카복실산이라고도 불러요)을 RCOOH라고 부릅니다. 그런데 알칼리성(염기성) 세안제를 사용하면, 이 지방산이 중화되거나 비누화되어 씻겨 내려가 버립니다. 그래서 피부가 '뽀득뽀득'해졌다는 건 피부를 지켜 줄 최소한의 기름 막까지 사라졌다는 신호로 볼 수 있어요. 다시 말해 피부에 수분을 가둬 둘 수 있는 장벽이 없어졌다는 뜻입니다. 무너진 장벽으로 인해 수분이 빨리 빠져나가기 때문에, 유분기가 없어진 피부에는 각질이 잘 생기게 되지요. 결국 이 각질이 모공을 막아 여드름이 생기게 됩니다. 또한, 너무 잦은 세안으로 우리의 피부를 보호해 주는 유산균이 다 사라지게 되면 피부의 산성도는 낮아질 수밖에 없고 pH도 증가하죠. 그 이후에는 여드름 균과 같은 피부 유해균이 더 잘 살 수 있게 됩니다. 그러니 얼굴을 여러 번 씻어야 하는 특수한 상황이 아니라면, 잦은 세안은 피하는 것이 좋아요.

피부 장벽을 지키는 올바른 생활 습관

우리 손에는 참 많은 종류의 세균들이 달라붙어 있습니다. 그런데, 손에 붙어 있는 세균이 얼굴로 옮겨갈 수 있으니 평소에 얼굴을 자주 만지는 습관이 있다면 빨리 고치는 것이 좋겠지요? 그리고 손을 자주 씻는 것만으로도 피부를 지키는 데 도움이 됩니다.

또한, 예쁘고 멋있게 보이고 싶어서 사용한 미용 세품들이 오히러 어드름을 유발할 수도 있답니다. 머리에 바르는 왁스가 이마의 모공을 막을 수도 있고, 피부의 색을 밝게 해 주는 파운데이션이 모공을 막을 수도 있지요. 친구가 사용하던 화장 도구를 빌리는 것도 실은 꽤 위험한 행위입니다. 립 제품의 경우 단순 포진 바이러스가 옮을 수 있어 헤르페스 같은 병이 생기거나, 쿠션 같은 경우 화농성 여드름을 유발할 수도 있으니까요. 따라서 남이 쓰던 화장품은 되도록 쓰지 않는 것이 내 피부를 보호하는 가장 쉬운 방법입니다.

이제, 여드름 예방법을 복습해 봅시다. 얼굴을 자주 만지지 않고, 세안할 때는 약산성 세안제를 사용하되 너무 자주 씻지 않고, 미용 제품 사용을 줄이고, 타인이 쓰던 화장품은 절대 사용하지 않는 것. 이 정도만 지켜도 여드름이 생기는 빈도가 많이 줄어들 수 있어요.

- 겨울철에는 외부의 찬 바람과 실내 난방으로 인해 피부가 건조해지기 쉬우므로, 세안 후 3분 이내 보습 제품을 겹겹이 발라 주기
- 피부가 예민해졌을 때는 스킨케어의 단계를 줄이고 딱 필요한 성분만 바르기

3

내 피부가
울긋불긋해졌어요!

분명 신경 써서 피부를 관리했다고 생각했는데, 날이 갈수록 트러블이 심해져요. 도대체 내 피부가 왜 이러는 걸까요? 사춘기에 들어서면서 남자는 **테스토스테론**이, 여자는 **에스트로겐과 프로게스테론**의 양이 엄청나게 증가합니다. 사춘기 이전과는 달리 성호르몬의 수치가 요동을 치기 때문에 온몸에서는 난리법석이 일어나지요. 피부도 눈에 띄게 변화합니다.

남성과 여성의 피부가 차이 나는 이유

주변 남학생들의 피부를 자세히 살펴보면 여학생들보다 더 두껍고 거칠어 보이지 않나요? 그 이유는 바로, 남성호르몬이 표피세포의 분화와 증식을 촉진하여 피부를 두껍게 만들기 때문입니다. 이 과정에서 표피 세포가 너무 과하게 생기면 각질층 또한 두꺼워지게 되죠. 남성호르몬 은 동시에 피지 분비를 왕성하게 하여 피부를 번들거리게 만듭니다. 이 때 피부의 번들거림을 없애기 위해 너무 자주 씻으면, 피부를 보호하고 있는 최소한의 피지까지 사라져 수분이 쉽게 증발하게 됩니다. 결국에 는 유수분의 균형이 무너지는 결과를 초래할 수 있습니다.

여기서 중요한 점은, 각질층이 두꺼워지면서 모공이 막힐 가능성이 높 아진다는 것입니다. 피지가 모공 안에 갇히면 뭐가 생기나요? 그렇습니 다. 여드름이 생길 가능성이 매우 높아지는 겁니다. 세균이 모낭 속에서 증식하여 피부 속을 더 깊이 파고들면, 피부는 염증 반응으로 인해 붉게 변합니다. 또 손으로 여드름을 짜내어 생긴 상처는 다 아물고 나서도 원 래의 색으로 돌아오기까지 꽤 긴 시간이 걸립니다. 그래서 피부가 오래 도록 울긋불긋할 수밖에 없습니다.

한편, 여성호르몬은 피부의 각질층이 과도하게 생기지 않도록 돕습니 다. 각질층 내에 수분을 적당하게 유지하고 표피가 너무 두꺼워지지 않 게 해 주죠. 이것만 봐서는 체내 여성호르몬이 많이 증가하는 사춘기 여 학생들은 여드름 문제를 겪지 않아야 할 것 같지만, 실제로는 그렇지 않 습니다. 여학생은 사춘기에 부신과 난소에서 남성호르몬의 분비가 촉진 되어 피지의 분비가 증가합니다. 특히 배란 후부터 생리 직전까지는 몸속의 여성호르몬이 급격히 줄어들기 시작하면서 여드름이 생기기 쉽지요. 그리고 남학생들보다 피부가 얇은 여학생들이 피지를 없애려고 과도하게 세안하면 피부는 쉽게 각질화되고 여드름이 더 심해질 수 있습니다. 여기서 각질화란, 피부 세포에서 케라틴 성분만 남고 나머지는 다 사라지는 현상을 뜻하지요.

성장기에 따른 피부 관리 방법

사춘기 학생들의 피부는 어른의 피부보다 매우 연약하답니다. 그런데 이 시기에는 피지와 땀이 많이 분비되므로 어린이 시절보다 더 자주 씻게 되지요. 그러나 너무 자주 씻게 되면 피부 보호막이 손상되어 수분이 빠져나가게 되고 건조해집니다. 이런 상태의 피부는 외부 자극에 민감하게 반응하여 가려움증도 생깁니다. 피부 위에 유분이 얇게 코팅이 되어 있어야 외부 자극으로부터 피부를 보호할 수 있으니 너무 과하지 않은 정도로 세안하는 것이 좋습니다.

남학생들은 얼굴을 면도할 때 피부에 자극이 갈 수 있어요. 그러니 면도를 할 땐 먼저 따뜻한 물로 피부를 적셔서 모공을 열어 주고, 오일이나 비누 거품을 바른 채로 면도해 보세요. 자극이 훨씬 줄어들 겁니다. 참고로 무딘 면도날을 사용하면 피부가 긁힐 수도 있고 면도날이 수염을 잡아당겨 모낭에 자극을 줄 수 있으니, 충분히 날카로운 면도날을 사용하세요.

사춘기는 호르몬의 영향으로 피부 트러블이 쉽게 일어나는 시기입니다. 청결을 유지하되 지나치게 자주 씻는 것을 피하고 피부 보습에 더 많은 신경을 쓴다면 울긋불긋한 피부에서 벗어날 수 있을 겁니다.

- 오랜 시간 샤워하면 피부의 유분기가 과도하게 줄어들어 피부가 건조해질 수 있으니 되도록 짧게(15분 이내) 샤워하기
- 때밀이로 피부를 과도하게 문지르지 않기

4

피부를 검게 태우는 자외선

자외선 차단제를 바르지 않고 장시간 일광욕이나 해수욕을 하면, 햇빛에 노출된 피부는 매우 따갑고 며칠 후에는 허물이 벗겨지기도 합니다. 자외선은 우리가 눈으로 볼 수 있는 빛보다 훨씬 더 큰 에너지를 가지고 있는데, 이 에너지는 우리 세포 속에 있는 DNA와 같은 중요한 물질들의 화학 결합을 끊고 파괴할 수 있습니다. 그렇기에 자외선에 많이 노출된 세포는 그 속의 중요한 화합물들이 파괴되어 결국 죽고 맙니다.

햇빛에 노출된 피부가 까매지는 원리

표피세포들이 자외선에 노출되어 손상되면 이 세포들은 α-멜라닌세포 자극 호르몬α-melanocyte-stimulating hormone(α-MSH)을 분비합니다. 이들은 주변에 있는 멜라닌세포 표면에 달라붙어요. α-MSH 호르몬에 자극을 받은 멜라닌세포들은 **티로시나아제**Tyrosinase 효소를 활성화시킵니다. 이 효소는 멜라닌세포 내에 있는 멜라노좀(멜라닌 소체) 속에서 **타이로신**Tyrosine이라는 화합물을 L-DOPA라는 물질로 바꾸고, 이를 **퀴논**이라는 화합물로 변환시킵니다. 이때 퀴논들은 서로 연결되어 색이 있는 화합물로 바뀌게 되는데, 이것이 바로 멜라닌이지요. 멜라닌으로 가득 찬 멜라노좀은 주변에 있는 각질형성세포로 이동하여, 각질형성세포 안에 있는 핵을 둘러쌉니다. 이제 색을 띠게 된 각질형성세포는 표피층으로 이동하여 피부 장벽을 만들게 됩니다. 이것이 우리가 장시간 자외선을 쬐면 피부가 검게 변하는 이유입니다

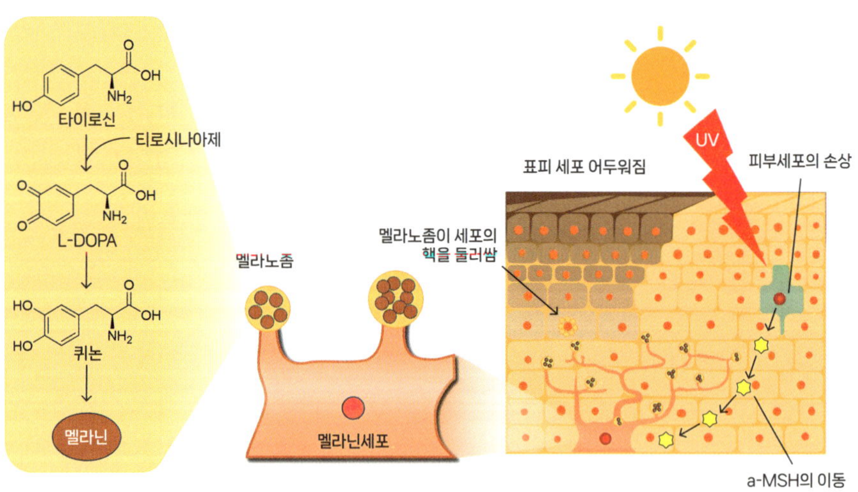

▲ 멜라닌이 생기는 과정

멜라닌이 하는 역할

그렇다면 멜라닌은 대체 왜 핵 주위를 둘러싸는 걸까요? 멜라닌은 넓은 파장대의 자외선을 흡수하여, 열로 바꾼 후 방출할 수 있습니다. 자외선은 DNA를 손상시키지만, 자외선이 소량의 열로 바뀌어 버린 후에는 더 이상 DNA를 손상시킬 수 없어요. 한마디로 멜라닌은 자외선을 붙잡고 자외선이 우리 세포를 공격할 수 없게 막는 피부의 방패라고 할 수 있어요. 그러니 멜라닌은 자외선으로부터 우리 세포를 건강하게 지켜 주는 꼭 필요한 존재입니다.

또한, 강한 자외선에 노출된 피부에서는 세포가 죽거나 손상되어 **각질화**가 쉽게 일어납니다. 그렇지 않아도 피부 트러블이 잘 생기는 사춘기 학생들에게 강한 자외선은 그다지 반가운 손님이 아니군요. 아울러 피부가 어둡게 변하는 것도 자외선에 맞서는 멜라닌의 형성 때문인데, 한번 생긴 멜라닌은 다시 분해되는 데 오랜 시간이 걸립니다. 그래서 피부가 원래의 색깔로 돌아오기까지 아주 오랜 시간이 걸립니다. 그러니 피부가 자외선을 만나지 않게 관리하여 미리 대비하는 것이 좋겠지요? 자외선이 강한 날에는 무조건 자외선 차단제를 발라 피부를 보호하세요. 자외선 차단제는 자외선을 산란시키거나 자외선을 흡수하여 열로 바꿔 주는 물질입니다. 피부가 검게 타고 피부 트러블이 생기는 것을 피하기 위해서는 자외선 차단제를 적절하게 발라 주어야 합니다.

하지만 자외선은 꼭 나쁘기만 한 것은 아닙니다. 적당한 수준의 자외선은 몸에서 **비타민 D**를 합성하여 뼈가 튼튼하게 자라도록 도와줍니다. 그러나 비타민 D 합성을 위해 창가 근처에 가는 건 별로 도움이 되지 않아요. 유리창은 자외선을 거의 다 걸러내기 때문에 잠깐이라도 산책하러 나가는 것이 좋습니다. 또한, 외부 활동이 적고 실내에서 공부만 하는 학생은 굳이 자외선 차단제를 사용할 필요가 없습니다. 오히려 조금이라도 햇볕에 피부를 노출하여 우리 몸이 스스로 비타민 D를 만들 수 있게 도와주세요. 사춘기에는 피부 관리도 중요하지만 뼈 건강도 중요하니 자외선 차단제를 상황에 맞추어 적절히 사용하면 좋겠습니다.

- 비타민 D는 칼슘과 인의 흡수를 도와 뼈와 치아를 튼튼하게 만드는 역할을 하니 낮 시간대에 외부 활동을 즐기기
- 비타민 D가 부족할 경우 치아가 약해지거나 키 성장에 방해가 되니 연어나 고등어, 달걀노른자, 버섯 등 음식으로 잘 섭취하기

5

겨드랑이에서
끔찍한 냄새가 나요

우리의 피부에는 **땀샘**, **피지샘**, 그리고 **아포크린샘**까지, 세 가지의 샘이 있다는 것을 기억하지요? 물은 기체로 변할 때 주변의 열을 빼앗는 성질을 가지고 있습니다. 땀샘에서 만들어 내는 땀도 우리의 체온을 조절하는 데 아주 중요한 기능을 합니다. 실제로 땀에는 거의 물밖에 없으니까요. 그리고 모낭에 붙어 있는 피지샘은 피지를 분비하여, 우리 피부에 장벽을 만들고 수분이 빠져나가시 못하게 하여 보습을 도와줍니다. 마지막으로 아포크린샘은 진피층 세포들이 만드는 노폐물을 배출하지요. 참고로 이 아포크린샘에서 나오는 물질들이 분해되면, 이성을 끌어들이거나 기분 상태를 나타내는 **페로몬**이 만들어지는 것으로 잘 알려져 있습니다.

피지샘과 아포크린샘에서 분비물이 막 나올 때는 냄새가 거의 나지 않습니다. 그러나 분비물이 피부 표면에 남아 있는 동안 세균이 그 성분을 분해하면서 냄새가 나는 물질로 바뀝니다. 대체로 '유기산'이나 황과 수소가 결합된 '-SH' 화합물로 변하면서 악취가 나지요. 이런 분자들은 크기가 작아 가볍고 휘발성이 커서 공기 중으로 쉽게 퍼집니다.

겨드랑이 냄새를 유발하는 분자들

▲ 3-메틸-2-헥세노산
(3-methyl-2-hexenoic acid)

▲ 4-에틸옥테인산
(4-Ethyloctanoic acid)

▲ 3-메틸-3-설파닐헥산-1-올
(3-methyl-3-sulfanylhexan-1-ol)

▲ 3-하이드록시-3-메틸헥산산
(3-hydroxy-3-methylhexanoic acid)

▲ 안드로스테논
(Androstenone)

▲ 안드로스테놀
(Androstenol)

세균이 서식하기에 딱 알맞은 신체 부위

피지샘이나 아포크린샘은 어디에 연결되어 있을까요? 맞습니다. 바로 모낭입니다. 그리고 성인으로 변화하는 사춘기 몸에서 나타나는 가장 큰 특징 중 하나가 바로 체모입니다. 어린이 시절에는 소시지처럼 매끌매끌했던 피부에 굵은 털이 자라기 시작하지요. 게다가 겨드랑이나 성기 주변의 체모에도 모낭이 있으니, 바로 이곳에서 피지와 여러 분비물이 배출됩니다. 그런데 겨드랑이나 사타구니의 경우 피부가 늘 접혀 있으므로 따뜻하고 습기가 차 있을 확률이 높습니다. 이런 곳은 세균이 서식하기에 너무나 좋은 환경입니다. 세균이 좋아하는 습도와 온도 그리고 몸에서 배출되는 분비물이라는 먹이가 있으니까요. 그리고 이런 세균들이 분비물을 분해하기 시작하면, 고약한 냄새가 나게 됩니다. 어린이 시절에 나지 않았던 냄새가 아이에서 어른으로 넘어가는 시기인 사춘기부터는 생기기 시작하는 것이죠.

겨드랑이 냄새의 주범, 'ABCC11'

세포가 분비물을 내어놓는 데는 ABCC11이라는 유전자의 발현 여부가 매우 중요합니다. 이 유전자가 발현되면, 즉 우성인자라면 아포크린샘에서 분비물이 많이 나옵니다. 흥미롭게도 우리나라 사람들 대부분은 이 유전자가 발현되지 않아요. 그래서 다른 나라 사람들보다 아포크린샘에서 나오는 분비물의 양이 매우 적습니다. 아포크린샘에서 나오는 지방, 단백질, 스테로이드의 양 자체가 적기 때문에 세균이 이를 분해한다고 하더라도, 냄새가 나는 물질이 별로 생기지 않죠. 이것이 바로 우리나라 성인들의 겨드랑이에서 암내가 거의 나지 않는 이유입니다.

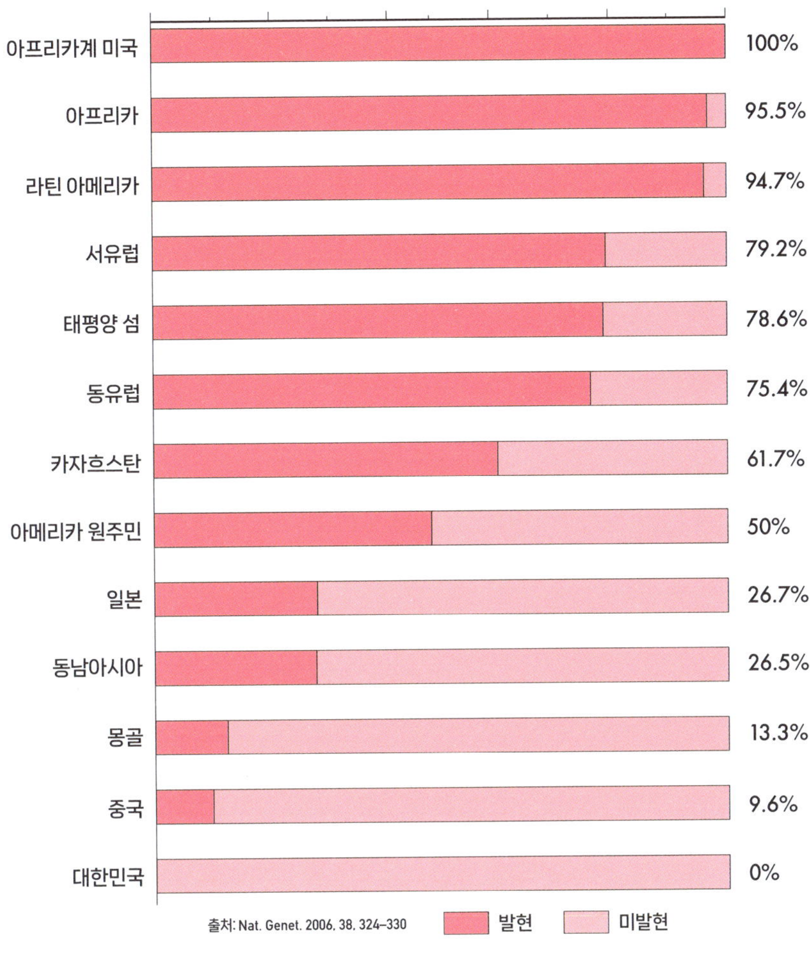

▲ ABCC11 유선사 발현 비율 [1]

그런데 사춘기 청소년의 몸에서 왜 갑자기 이상한 냄새가 나는 것일까요? 사춘기의 몸은 들쑥날쑥 불안정하지요. 몸속에 있는 다양한 호르몬들이 요동을 치고, 몸도 갑자기 자라며 형태도 빨리 변합니다. 그러다 보면 몸속 노폐물과 스테로이드계 호르몬이 많이 분출됩니다. 그 결과로 얼굴에서 피지가 많이 분비되어 번들거리게 되고, 어느 날은 갑자기 겨드랑이나 사타구니 주변에서 생전 처음 맡는 고약한 냄새가 폭발적으로 터져 나오죠.

고약한 냄새를 막는 방법

정리하자면 겨드랑이에서 나는 냄새는 아포크린샘에서 나온 분비물을 세균이 먹고 증식하면서 만들어 내는 것입니다. 사춘기에 변화하는 몸의 성장을 억지로 막을 방법은 없고 그렇게 해서도 안되지만, 몸에서 나는 악취를 덜 나게 하는 방법이 있습니다. 몸을 씻을 때는 겨드랑이나 사타구니처럼 지독한 냄새가 나는 곳을 좀 더 깨끗이 씻어 보세요. 개운하게 샤워를 한 후에 깨끗한 속옷으로 바로 갈아입는 것이 중요합니다. 세균이 옷에 묻어 있다가 몸에서 나온 분비물을 분해하면서 냄새를 낼 수 있으니까요. 또한, 여름철에는 데오드란트를 겨드랑이에 바르는 것도 도움이 되지요. 데오드란트에는 세균을 죽이는 살균 성분과 몸에서 나오는 유기산(RCOOH)을 중화시키는 염기성 성분이 있기 때문에, 세균의 증식을 막고 냄새가 나는 것을 줄일 수 있습니다.

몸에서 이상한 냄새가 평생 날까 봐 두렵다고요? 너무 걱정하지는 마세요. 사춘기가 지나고 몸이 성숙해지면 호르몬의 균형이 맞춰지면서 사춘기에 폭발적으로 나던 냄새가 더 이상 나지 않을 것입니다. 또한 이상한 체취는 누구나 다 사춘기에 겪을 수 있는 문제이기 때문에 너무 심각하게 생각하지 마세요. 몸이 안정화될 때까지 마음을 편히 가져 봅시다.

- 데오드란트를 사용할 때는 물기 없는 건조한 상태에서 소량만 바르기
- 속옷을 자주 갈아입어 세균의 먹이인 분비물이 오래 남지 않도록 하기

6

빨래를 했는데도
옷에서 냄새가 나요

분명히 깨끗하게 빨래했는데도 옷에서 쉰 냄새가 날 때가 있어요. 사람들이 주변을 지나가면서 코를 막고 인상을 쓰면 잔뜩 움츠리게 되죠. 그런데 대체 왜 오래된 걸레에서 나던 냄새가 내 옷에서 날까요?

고약한 냄새의 정체

우리 피부에는 모락셀라 오슬로엔시스*Moraxella osloensis*라는 균이 살고 있습니다. 그리고 피부에서 흘러나오는 피지에는 '유기산($RCOOH$)'이 들어 있는데, 모락셀라 균은 이런 유기산을 먹고는 4-methyl-3-

hexenoic acidhexenoic acid(4M3H)라는 작은 유기산을 만들어요. 이 유기산이 바로 걸레 냄새와 같은 고약한 냄새의 원인입니다. 게다가 4M3H는 아주 적은 양만 있어도 코를 막게 할 정도의 악취를 만듭니다.

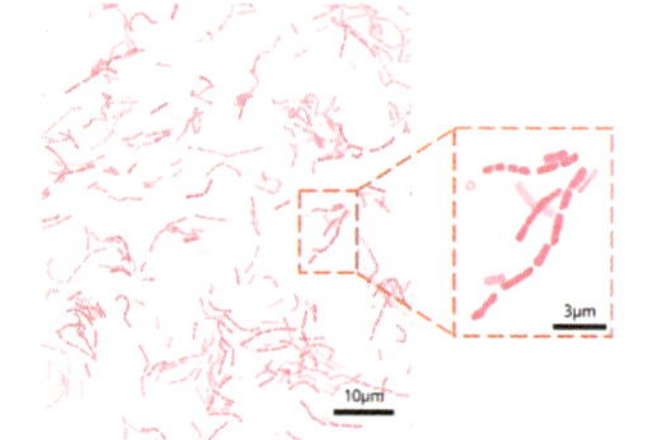

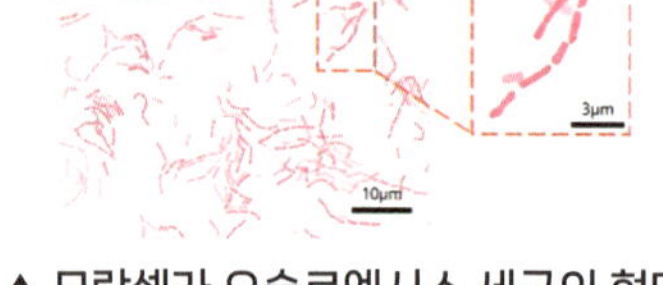

▲ 모락셀라 오슬로엔시스 세균의 형태

▲ 4-methyl-3-hexenoic acid (4M3H) 분자 구조

만약 옷에 서식하는 모락셀라 균의 수가 아주 적거나 몸에서 나오는 피지의 양이 아주 적은 편이라면, 4M3H 분자의 수도 적어지기 때문에 몸이나 옷에서 쉰내가 잘 나지는 않습니다. 하지만 피부에서 분비물이 많이 나오는 사춘기의 몸은 모락셀라 균이 먹고 살 먹이를 쉽게 제공할 수 있어서 모락셀라 균이 만드는 냄새가 몸에서 날 가능성이 높습니다.

쉰내를 차단하는 생활 비법

악취를 줄이기 위해서는 몸을 자주 씻으면 되지 않냐고요? 당연히 몸을 자주 씻으면 쉰내가 날 가능성은 낮아질 겁니다. 그러나 모락셀라 균이 옷에 붙어 있는 상태라면 아무리 몸을 자주 씻어도 악취는 쉽게 해결되지 않습니다. 모락셀라 균은 옷에 한번 붙으면 잘 떨어지지도 않고, 건조기에 넣고 고온으로 돌려도 잘 죽지 않고, 강한 자외선에도 쉽게 죽지 않아요. 게다가 세탁기 안의 습한 환경을 좋아하고 바퀴벌레처럼 생존력이 강해 증식도 잘합니다. 그러니 빨래를 할 때 모락셀라 균을 완전히 제거하지 않으면, 이 균들이 몸에서 나오는 피지를 먹고 걸레의 쉰내를 풍기겠지요? 다시 말해 여러분이 빨래를 할 때 몸에서 나온 피지 성분을 옷에서 완전히 제거하지 않으면, 끈질긴 모락셀라 균은 또 이 피지를 먹고 냄새 물질을 만들어 낼 겁니다. 그러니 땀이 많이 묻은 옷은 반드시 바로 세탁하세요. 만약 땀에 젖은 채로 내버려 두면 옷에서 모락셀라 균이 증식을 하게 되니까요.

모락셀라 균은 우리 몸에서 나온 지방 성분인 **유기산**을 먹고 4M3H를 만들어 냅니다. 그런데 **탄산나트륨**(Na_2CO_3)처럼 **염기성**이 강한 세제를 사용하면, 유기산을 비누 구조로 바꾸어 주기 때문에 옷에서 쉽게 제거할 수 있습니다. 모락셀라 균의 먹이를 없애 버리면 옷에서 냄새가 날 일도 없겠시요?

$$Na_2CO_3 + 2RCOOH \rightarrow 2RCOONa + CO_2 + H_2O$$

탄산 나트륨 + 유기산 → 유기산 나트륨염 + 이산화탄소 + 물

▲ 냄새를 제거하는 화학 공식

시중에 판매하는 세탁 세제 중에서는 모락셀라 균에 살균 효과를 보이는 계면활성제나 살균제를 함유한 다양한 제품이 있으니, 그러한 모락셀라 전용 세제를 사용하는 것도 방법입니다.

사춘기에는 고민이 참 많습니다. 외모 고민도, 친구 고민도, 성적 고민도 해야 하니, 생각할 거리가 참 많지요. 여기에 모락셀라 균까지 말썽을 피우면 곤란하겠지요? 그러니 빨래를 할 때 옷에 모락셀라 균이 증식하지 못하도록 관리하면 체취에 대한 고민이 사라질 수 있다는 것을 기억하고 이 글에 나오는 모락셀라 균 관리법을 꼭 실천해 보세요.

- 장마철에는 건조기를 사용하는 것이 좋으나 어렵다면 환기가 잘 되는 곳에 세탁물을 넓게 펴서 말리기
- 쉰내를 유발하는 모락셀라 균은 면역이 약한 사람에게는 다양한 부작용을 일으킬 수 있으니 올바른 세탁물 관리법과 세탁기 청소법을 익히기

7

입냄새를
줄이고 싶어요

친구에게 말을 걸려고 입을 여는 순간, 내 입에서 나는 원인 모를 냄새에 놀랐던 적이 있나요? 매일 하루 3번 열심히 이를 닦는데도 입에서 냄새가 나면 참 난감합니다. 특히 다른 사람의 시선과 평가에 민감한 사춘기 학생에게 구취는 큰 고민거리지요. 그런데 대체 왜 구취가 생기는 걸까요? 지금부터 입냄새를 지독하게 만드는 것들에 대해 알아봅시다.

음식 찌꺼기는 세균의 먹이

구취는 주로 세균이 만들어 내는 **황화수소나 메르캅탄 같은 화합물 때**

문에 생깁니다. 치아 사이사이에 음식물 찌꺼기가 남아 있으면 그것을 세균이 먹고 분해하여 기체 성분으로 만들어요. 본인은 열심히 이를 닦았다고 해도, 음식물 찌꺼기가 남아 있거나 세균이 살기 좋은 환경으로 조성되었다면 구취는 쉽게 날 수 있습니다.

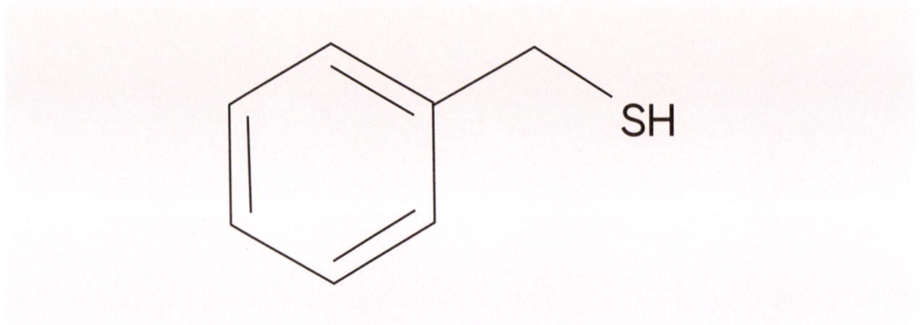

▲ 벤질 메르캅탄 분자 구조
(Benzyl meracaptan)

음식물 찌꺼기와 세균이 모이면서 끈적한 막이 만들어지는데, 이를 **치태**라고 부릅니다. 이 치태가 제거되지 않고 그대로 치아에 남아 있으면, 침 속에 있는 **칼슘 이온**과 **인산 음이온**이 만나 **칼슘 인산염**이라는 딱딱한 고체를 만들어 치태에 고정되지요. 이것을 우리는 **치석**이라고 부릅니다. 그런데 치석은 한번 만들어지면 잘 녹지 않고 범위가 점차 넓어져요. 침을 통해 칼슘 이온과 인산 음이온이 계속 공급되니 치석은 계속 자랄 수밖에 없고, 치석 위에는 세균과 음식물 찌꺼기가 더 잘 달라붙을 수 있어 구취는 더 심해집니다.

입안이 건조해지면 생기는 치석

청소년기에는 벌어진 앞니나 삐뚤삐뚤하게 난 치아를 가지런히 만들기 위해 **치열 교정기**를 끼고 있는 경우가 많습니다. 그런데 치열 교정기와 치아 사이의 작은 틈에 끼는 음식물 찌꺼기는 칫솔질만으로는 제거하기가 몹시 어렵습니다. 그래서 이 시기에는 치태와 치석이 더 잘 생길 수 있지요. 한마디로 치열 교정기를 달고 있는 것만으로도 구취가 날 가능성이 높아진다는 뜻입니다. 이제 더 쉽게 설명해 볼게요. 여러분도 수도꼭지 위에 생긴 하얀 자국을 본 적이 있을 것입니다. 이것은 물속에 녹아 있던 **칼슘 이온**과 **탄산 음이온**이 물이 마르면서 서로 만나서 만든 **석회석** 성분입니다. 여기서는 '물이 마르면'이라는 말에 집중할 필요가 있습니다. 침이 마르면 치석이 더 잘 생기고 따라서 구취가 더 심해지게 됩니다. 거꾸로 말하면 우리 입속의 침이 마르지 않으면 치석이 생기는 것을 방지해 준다는 뜻이죠.

사춘기를 겪는 학생은 다양한 문제로 스트레스를 받습니다. 몸은 갑자기 변하고, 공부해야 하는 범위는 넓어지고, 자신의 정체성에 대해 진지하게 고민하고, 심지어는 대인 관계도 좀 더 복잡해지니까요. 이런 스트레스 상황에 닥치면 우리 몸은 **코르티솔**이라는 **스트레스 호르몬**을 분비하여 즉각 대응에 나섭니다. 긴장하면 침이 바싹 마르는 것 또한 스트레스 호르몬인 코르티솔이 과다하게 분비되어 나타나는 현상입니다. 그래서 스트레스를 많이 받는 사춘기 학생들의 치아에는 치석이 잘 생길 수밖에 없습니다.

구취에서 멀어지는 생활 속 작은 습관

목이 마르면 탄산음료부터 찾는 사람이 있어요. 그러나 탄산음료에는 설탕과 카페인이 들어 있는 경우가 많습니다. 설탕은 물과 친해서 물을 끌고 다닙니다. 설탕이 물을 빼앗아 가는 셈이니 탄산음료를 마시면 우리 몸에 필요한 수분이 부족해질 수밖에 없어요. 그리고 탄산음료에 들어 있는 카페인은 이뇨 작용을 하는 화합물로 우리 몸에 있는 수분을 배출시켜 버립니다. 탄산음료를 마시면 갈증이 해소되지 않고 입안이 자꾸 마르는 이유가 바로 이 카페인과 설탕 때문이지요. 또한, 커피나 에너지 드링크에도 카페인이 많이 들어 있습니다. 이런 음료를 마시면 입안이 바싹 말라 치석이 잘 생깁니다. 게다가 담배의 성분인 니코틴도 입속을 마르게 하는 약물입니다. 그래서 담배를 피우면 입속이 마르게 되어 치석이 잘 생기지요. 주변에 담배를 피우는 사람치고 구취가 없는 사람은 보기 드뭅니다.

마찬가지로 비염이 구취의 원인이 될 수 있어요. 숨을 코로 쉬지 못하니까, 입으로 숨을 쉬어야 하잖아요? 그러나 입으로 숨을 쉬게 되면 입안은 계속 마르게 됩니다. 이러한 호흡 습관은 입안을 마르게 하여 치석이 잘 생기게 합니다. 구취를 예방하기 위해서는 양치질을 할 때 구석구석 신경 써서 하고, 최대한 입안이 마르지 않게 하는 것이 좋습니다. 또한, 게임이나 소셜미디어에 심취해서 자야 할 시간을 놓치게 되면, 우리 몸은 굉장한 스트레스를 받습니다. 그러니 밤이 되면 잠자리에 일찍이 들고, 탄산음료 대신 물을 마시고, 흡연은 절대로 하지 않고, 호흡 습관을 교정하여 구취를 예방해 보세요.

치태는 양치질만 잘하면 금방 해결되는 문제지만, 한번 생긴 치석은 치과에 가서 스케일링하지 않으면 절대 없앨 수 없습니다. 그리고 치석이 있으면 구취는 피해갈 수 없으니, 정기적으로 치과에 방문하여 스케일링하세요. 자, 이제 관리 방법까지 알게 되었으니 구취에서 해방될 수 있겠죠? 당당하게 입을 크게 벌리고 웃을 수 있기를 바랍니다.

- 치실을 사용하면 더 건강하게 치아를 관리할 수 있음
- 치실을 사용할 때는 검지와 엄지를 이용해 치실을 잡고 앞뒤로 살살 움직이면서 음식물 찌꺼기를 빼내기
- 초가공식품이나 자극적인 음식을 자주 먹으면 장 건강이 나빠져 입냄새가 날 수 있으므로 섭취량을 줄이기

머리카락 색이 서로 다른 이유는 무엇인가요?

머리카락의 구조를 보면 가운데에는 케라틴Keratin으로 이루어진 기둥이 있고, 그 표면에 큐티클Cuticle이라고 부르는 죽은 세포층이 있습니다. 그런데 이 죽은 세포들 속에는 케라틴 섬유가 가득 차 있어서 머리카락은 거의 케라틴으로 이루어졌다고 할 수 있습니다. 그리고 이 큐티클층의 세포들이 놓여 있는 방식을 보면, 마치 생선의 비늘처럼 보일 거예요. 머리카락의 뿌리를 생선의 머리, 머리카락의 끝을 생선의 꼬리라고 본다면 큐티클층의 세포들이 어떤 식으로 놓여 있는지 바로 이해할 수 있을 겁니다. 그러면, 이제 이 큐티클층을 직접 느껴 볼까요? 먼저 머리카락 한 올을 꽉 잡고 뿌리부터 끝 쪽으로 훑어보세요. 그러고 나서 거꾸로 끝 쪽에서부터 뿌리 쪽으로 다시 훑어보세요. 신기하게도 뿌리 쪽에서 훑을 땐 부드럽게 미끄러지는데, 거꾸로 하려니 잘 안되죠? 생선의 비늘이 생선의 몸을 보호하듯이 머리카락의 큐티클층이 머리카락을 보호하고 있답니다.

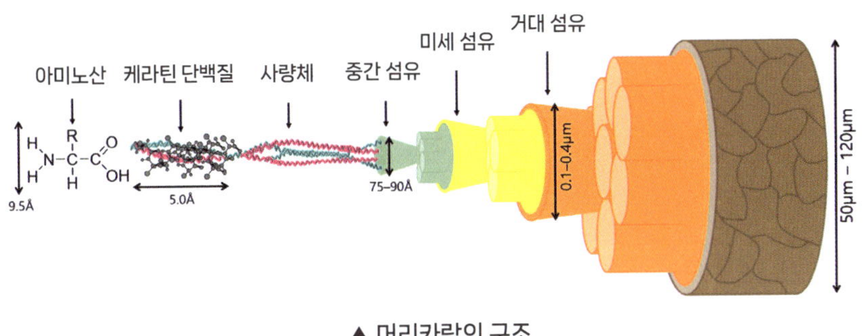

▲ 머리카락의 구조

유전자에 따라 나뉘는 머리카락 색깔

머리카락의 주성분인 케라틴은 단백질 섬유입니다. 케라틴으로 이루어진 머리카락의 기둥 속에는 두 가지 종류의 멜라닌이 있어요. 하나는 노란색에서 적갈색을 띠는 페오멜라닌Pheomelanin과 또 다른 하나는 흑갈색의 유멜라닌Eumelanin입니다. 더 나아가 세포 속에서 멜라닌이 만들어지는 과정을 살펴볼까요? 먼저 타이로신Tyrosine이라는 화합물이 도파퀴논dopaquinone으로 바뀝니다. 그다음에 도파퀴논들이 서로 연결되어 멜라닌으로 변합니다. 이때 시스테인Cysteine이라는 화합물이 반응에 관여하면 페오멜라닌이 만들어지고, 관여하지 않으면 유멜라닌이 만들어져요.

그런데, 가장 중요한 사실은 멜라닌의 형성 과정에서 **시스테인**이 반응에 관여할지 말지는 유전자가 결정짓는다는 것입니다. 우리 몸속에 MC1R(멜라노코르틴1 수용체) 유전자가 잘 작동하면 **유멜라닌**이 생기고, 반대로 이 유전자에 변이가 생겨서 잘 작동하지 않으면 **페오멜라닌**이 생깁니다. 머리카락이 진한 흑갈색이면 유멜라닌 때문이고, 머리카락이 연한 갈색이라면 페오멜라닌이 유멜라닌과 함께 만들어졌기 때문입니다. 백인들의 옅은 피부와 머리카락 색은 바로 이 MC1R 유전자에 생긴 변이 때문이죠. 유멜라닌 합성에 실패하고 페오멜라닌이 합성되어 얻어진 결과라고 볼 수 있습니다. 우리나라 사람들의 머리카락 색이 흑갈색인 이유는 MC1R 유전자가 잘 작동하여 유멜라닌을 만들었기 때문이죠.

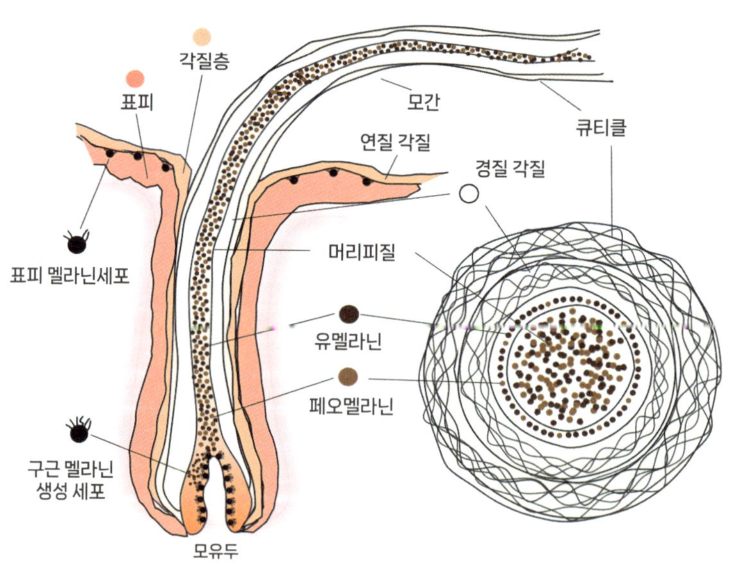

▲ 머리카락의 색을 결정하는 멜라닌 색소

곱슬머리의 원인은 모낭의 모양

머리카락이 직모인 것과 곱슬머리인 것은 어디에서 결정될까요? 바로 **모낭의 형태**가 결정을 짓습니다. 모낭을 위에서 보았을 때 동그란 형태면 머리카락도 동그란 단면을 가지는 기둥으로 자라납니다. 이 경우 머리카락이 두피에서 수직인 방향으로 자라나지요. 그래서 대다수의 동아시아인의 머리 모양은 직모이지요. 반면 모낭이 타원형으로 찌그러져 있으면, 머리카락을 구성하는 케라틴 단백질이 모발 축을 따라 비대칭으로 분포됩니다. 그 결과 모발에 장력 차이가 생겨 머리카락이 나선형으로 휘어 자라게 되지요. 정리하자면, 모낭의 단면이 납작할수록 곱슬이 더 심해진다고 볼 수 있습니다.

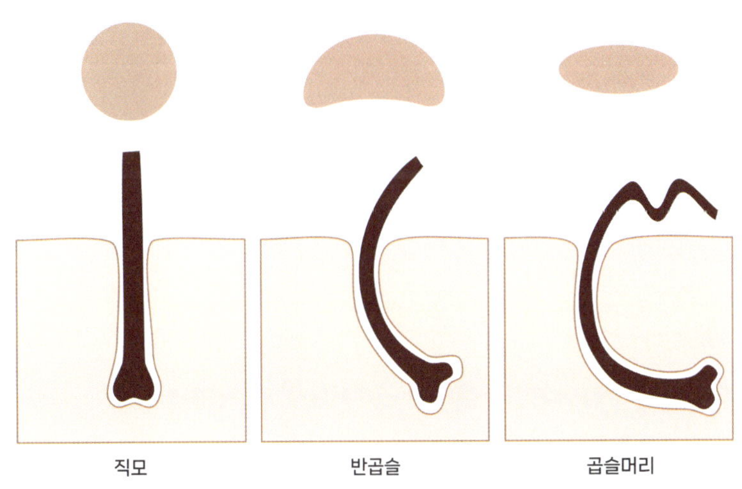

▲ 모낭에 따른 머리카락의 형태

여러분의 머리카락 색과 모양은 세포 속에 어떤 유전자가 발현되었는지에 따라 결정됩니다. 그런데 머리색을 어둡게 하는 유멜라닌이 싫다고요? 하지만 유멜라닌은 세포 속 DNA를 효과적으로 보호해 주는 반면에 페오멜라닌은 그런 효과가 거의 없습니다. 우리나라 사람들이 피부암에 잘 안 걸리는 이유도 전적으로 유전자가 만들어 준 유멜라닌 덕분이라고 할 수 있어요. 그러니 내 몸에 있는 모든 것을 사랑스러운 눈으로 바라봐 주면 어떨까요?

- 피부암의 전조 증상을 알아차리려면 평소에 피부를 세심하게 관찰하기
- 두피도 햇빛에 쉽게 타니 장시간 외출할 경우 모자를 쓰거나 가르마의 방향을 주기적으로 바꾸어 두피를 보호하기

9

손을 들어 올려 손톱을 한번 자세히 살펴보세요. 그러면 넓적한 **손톱판** **nail plate**이 보일 겁니다. 이 손톱판은 케라틴이 가득한 죽은 세포들이 손톱의 뿌리에서 밀려 올라가면서 만들어집니다. 그리고 세포가 케라틴을 가득 채우고 죽으면서 단단해지는 과정을 우리는 각질화라고 부릅니다.

손톱판을 구성하는 섬유

손톱판은 크게 세 개의 판이 겹겹이 붙어 있는 형태로, 판마다 케라틴 섬유가 정렬된 방향이 다릅니다. 우리 눈에 보이는 위쪽 등판에는 케라틴 섬유가 무작위로 배열되어 있어요. 등판은 아주 얇고, 조밀하고, 또 단단하지요. 그리고 바닥판은 **손톱 바닥Nail bed**에 붙어 있으며 불규칙한 세로줄 무늬를 가집니다. 이 등판과 바닥판 사이에는 중간층이 있는데, 이곳은 케라틴 섬유가 횡으로 배열되어 있어요. 그 덕분에 손톱이 부러져도 세로 방향으로는 잘 부러지지 않습니다.

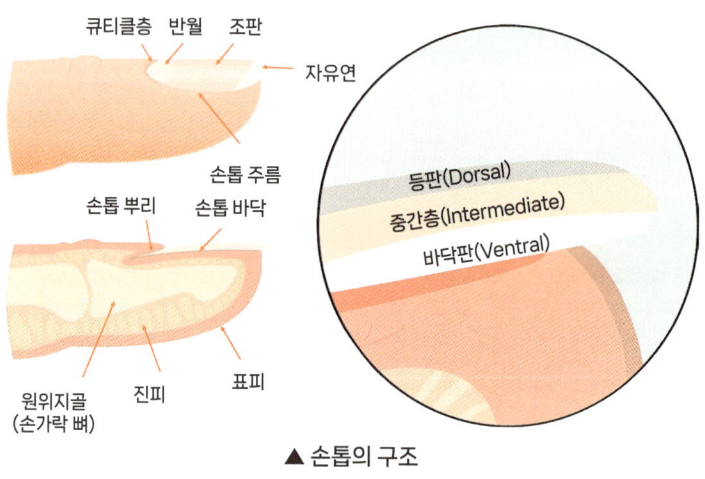

▲ 손톱의 구조

손톱 아래쪽에 반달 모양을 이루는 각질

손톱을 자세히 보면 뿌리 부분에 반달 모양으로 하얗게 보이는 부분이 있지요? 이곳은 아직 각질화가 되지 않은 세포로 인해 뿌옇고 불투명하게 보이는 겁니다. 그리고 이 부분에서는 손톱 바닥층이 피부에 닿아 있지 않아서, 만약 여기에 세균이 침투하게 된다면 곪아서 몹시 아플 겁니다. 그리고 손톱 뿌리 위에는 죽은 세포로 이루어진 큐티클층이 있는데, 이 부분이 손톱 등판에 밀착하여 반투명한 반달 부분을 밀봉해 줍니다. 그래서 큐티클층을 지나치게 많이 잘라내면 손톱 뿌리 부분으로 세균이 침투할 수 있으니 웬만하면 큐티클층은 건드리지 않는 것이 좋습니다.

이제, 처음으로 다시 돌아가 봅시다. 우리가 물속에 오랫동안 몸을 담그고 있으면, 대체 왜 손톱이 물렁물렁해질까요? 그 이유는 바로 손톱을 이루고 있는 케라틴 단백질 섬유의 성질 때문입니다. 케라틴 단백질 섬유는 물속에 오래 있으면 물 분자들이 단백질에 쉽게 붙을 수 있어요. 손톱의 판들 사이에 있는 미세한 틈으로 물이 침투하여 케라틴 섬유에 붙으면, 단단했던 손톱이 조금씩 부풀어 오르고 원래 가지고 있던 성질이 사라지면서 물렁물렁해집니다. 궁금증 해결!

- 핑크빛으로 보이던 손톱이 갑자기 갈라지거나 색이 어둡게 변하면 건강하지 않다는 신호일 수 있으니 세심하게 관찰하고 문제가 생기면 병원에서 진료받기
- 손톱 옆에 생기는 거스러미는 입으로 물어뜯지 말고 손톱깎이로 잘라 주기
- 큐티클은 절대로 밀어내지 않기

10

멀리 있는 물체가
잘 안 보여요

눈은 우리 몸의 기관 중에서 가장 일찍 자라는 것 중 하나입니다. 사람의 눈은 태어날 때부터 어른 눈 크기의 75% 정도로 태어나며, 초등학교 고학년이 되면 거의 다 성장했다고 할 수 있습니다. 그런데 머리뼈의 크기도 마찬가지입니다. 우리가 태어날 때 머리뼈의 둘레는 어른의 65% 정도이고, 초등학교 고학년 정도가 되면 어른의 머리뼈 둘레와 차이가 거의 없지요.

얼굴은 자라지만, 눈 크기는 그대로

초등학교 고학년이 되면 안구의 크기나 머리뼈의 둘레나 모두 성장을 멈추는데 대체 왜 내 눈은 더 작아진 것 같을까요? 그 이유는 바로 얼굴의 세로 길이가 계속 자라기 때문입니다. 여성의 경우 약 15~17세까지 얼굴이 길어지고, 남성의 경우는 평균적으로 18~20세까지 얼굴이 길어집니다. 즉 얼굴의 세로 길이는 계속 자라는데, 눈의 세로 폭은 변함이 없으니 상대적으로 눈이 작게 보이는 것이지요. 또한 우리 몸은 키가 급성장하기 전에 지방을 축적해 두는 경향이 있다고 했지요? 그러니 얼굴에 살이 통통하게 오르면서 눈이 상대적으로 더 작아 보일 수 있습니다. 하지만 실제로 눈이 더 작아지고 있는 것은 아니니 너무 걱정하지 않아도 됩니다.

학생들은 공부하느라 책을 가까이에서 오랫동안 봅니다. 그런데 휴식할 때는 먼 곳을 보면서 눈을 쉬게 해 주는 것이 아니라 심리적 보상을 위해 스마트폰을 봅니다. 이렇게 되면 눈은 계속 가까운 곳을 보게 되어 피로가 누적되고, 그 결과로 안구의 앞뒤 길이가 점점 더 길어질 수 있어요. 특히 사춘기 내내 눈의 앞뒤 길이가 성장하면 먼 곳이 잘 안 보이는 이른바 근시가 심해질 수 있습니다.

청소년기에 더 신경 써야 하는 눈 건강

그런데 왜 사춘기에 근시가 심해질까요? 그 이유는 겉으로 봤을 땐 눈 크기에 변화를 느낄 순 없지만, 사춘기 내내 안구의 앞뒤 길이가 조금씩 더 길어질 수 있기 때문입니다. 우리 눈의 구조를 살펴보면 가장 앞쪽에 각막이 있고, 맨 뒤쪽에는 망막이 있고, 그 사이에는 수정체가 자리하고 있어요. 빛이 눈에 들어오면 볼록렌즈 형태의 수정체를 통과하여 망막에 상이 맺히게 되는데, 이때 망막에 정확히 초점이 맞아야 선명하게 보입니다. 그러나 초점이 망막 앞에 맺히게 되면 근시가 되는데, 여기서 수정체가 앞뒤로 더 길어지게 되면 근시는 더 심해집니다.

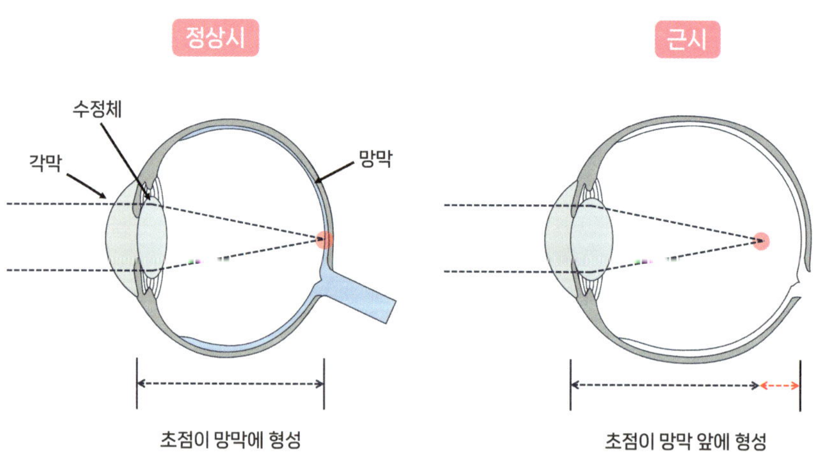

▲ 정상시와 근시의 안구

근시가 발생하면 일상생활에 불편을 겪을 수 있죠. 그런데 왜 안구의 앞뒤 길이는 사춘기 내내 자랄까요? 그 주된 이유로는 청소년들이 물체를 너무 가까이에서 보기 때문입니다. 우리가 가까이 있는 물체를 보려고 할 때, 눈에 있는 **모양체근**이라는 것이 눈의 **수정체**를 눌러 볼록하게 만듭니다. 그런데 장시간 물체를 가까이에서 보면 모양체근이 너무 피로해지고 결국 안구의 앞뒤 길이가 길어지는 쪽으로 안구가 성장을 합니다. 그렇게 되면 당연하게도 근시는 점점 더 심해질 수밖에 없겠죠?

사춘기에는 안구의 앞뒤 길이가 길어지지 않게 하는 것이 중요합니다. 이 시기에 잡아 둔 습관이 평생의 눈 건강을 좌지우지하니, 공부를 할 때는 휴식 시간을 따로 정해서 눈의 피로를 풀어 주고 스마트폰을 너무 오랫동안 사용하지 않도록 노력해 보세요.

- 책을 읽거나 스마트폰을 사용할 때는 일정한 간격을 두고 늘 바른 자세를 유지하기
- 스마트폰 사용 시간을 줄이고 먼 풍경을 자주 바라보기

거울에 비친 내 모습이
낯선 청소년들에게

거울 앞에 서서 여러분의 얼굴과 몸을 자세히 살펴보세요. 어때요, 성호르몬이 만들어 낸 기적이 보이나요? 어린아이였을 때와는 다른 피부색과 굵은 체모 그리고 갑자기 피어난 여드름 등 달라진 내 몸이 아직은 어색하겠지만, 다 자라날 때까지 몸은 계속 변할 거예요.

여러분이 지금 꼭 기억해야 하는 것이 있어요. 지금 몸의 형태는 영원하지 않다는 것입니다. 앞으로 계속 키도 클 것이고, 얼굴 형태나 피부 상태도 많이 달라질 겁니다. 그러니 또래보다 작은 키, 또래보다 통통한 몸, 울긋불긋한 여드름 때문에 속상해하지 않아도 돼요. 만약 여러분이 원하는 몸의 형태가 있다고 하더라도, 사춘기에 당장 그 몸을 만들어야겠다는 생각은 하지 않는 것이 좋습니다. 왜냐하면 사춘기에 무리해서 다이어트를 하게 되면, 오히려 내가 바라던 이상적인 몸의 형태에서 멀어질 수 있어요. 또한, 무리해서 운동하거나 밥을 굶으면 거식증이나 폭식증 같은 병적 증상이 생길 수도 있습니다.

지금은 그냥 여러분의 키가 더 잘 자랄 수 있게 규칙적으로 운동하고, 건강한 음식을 먹고, 잠을 잘 자는 것이 더욱 중요하답니다. 그리고 이번 장에서는 피부가 건강해지려면 어떻게 관리해야 하는지 잘 배웠잖아요? 이제부터 청결에 신경을 쓰되 피부에 자극을 줄이고 유익균이 잘 살 수 있도록 신경 쓰면 됩니다. 아름다운 외모로 칭송받는 연예인들도 같은 말을 해요. 본인이 어렸을 때 너무 못생겨서 친구도 없는 외톨이었다고요. 사춘기는 원래 그런 시기예요. 사춘기 시절에 예쁘고 잘 생겨도, 다 자란 후에는 정반대의 모습이 되는 일도 있답니다. 그 반대인 사람도 많아요. 또한 아름다움에는 단 하나의 기준만 있는 것도 아니고, '나' 그 자체로 아름답다고 볼 수 있으니 남들이 한다고 해서 굳이 다 따라 할 필요는 없습니다. 나의 독특한 몸과 얼굴 형태 그리고 머리카락 형태 등에 대해 스스로 사랑하고 자랑스럽게 생각한다면 남들에게도 똑같이 매력적으로 보일 겁니다. 개성과 사신감만큼 본인을 아름답게 만드는 것은 없으니까요.

여러분은 미래에 어떤 사람이 되어 있을까요? 그 미래의 모습을 상상하며 매일 조금씩 원하는 방향으로 나아가 보세요. 그리고 천천히 바뀌는 내 몸을 사랑하고 그 과정을 즐기도록 노력해 보세요. 여러분의 사춘기를 응원합니다.

3장

본능 앞의 뇌과학

내 의지를
꺾는
유혹의
정체

1

담배에 든 니코틴이
왜 위험해요?

전자 담배를 손쉽게 구할 수 있게 되면서, 담배에 손을 대는 청소년이 많아지고 있습니다. 처음에는 호기심으로 시작한 흡연이었는데 나중에는 끊기가 어려워 힘들어하는 학생도 있을 것입니다. 그런데 대체 왜 한 번 들인 흡연 습관은 끊기가 어려울까요? 지금부터 그 이유에 대해 알아봅시다.

보상 작용 시스템과 도파민

우리의 뇌에는 **보상 시스템**이라는 아주 특별한 회로가 있어요. 쉽게 이해하기 위해서 원시 시대로 돌아가 볼까요? 사람들이 함께 사냥을 하여 큰 짐승을 잡아먹거나, 영양가가 많은 과일을 채집하여 풍요롭게 먹으면 생존 확률이 매우 높아지겠지요? 이처럼 생존에 도움이 되는 어떤 행동을 했을 때 우리의 뇌는 도파민**Dopamine**이라는 화합물을 분비합니다. 도파민이 분비되면 기분이 아주 좋아지게 되는데, 우리의 뇌는 도파민을 분비하여 기분이 좋아지게 만든 행위가 무엇이었는지를 학습하게 됩니다. 그래서 우리는 뇌가 시키는 대로 같은 행동을 또 반복하여 도파민을 얻고자 합니다.

그런데 생존에 도움이 되지 않는 행동을 할 때도, 뇌에서 도파민이 폭발적으로 분비될 수 있어요. 대표적인 예로 흡연이 있습니다. 우리가 흡연을 하면 혈액 속에 니코틴이 아주 많이 들어옵니다. 뇌의 신경세포에는 **니코틴성 아세틸콜린 수용체**(니코틴 수용체)라는 것이 매달려 있는데, 이 수용체에 니코틴이 결합하면 신경세포는 아주 많은 도파민을 갑자기 방출하게 됩니다. 그러면 뇌는 '어? 담배를 피우는 것이 생존에 아주 좋은 거구나'라고 착각하게 되지요. 이것이 바로 니코틴 중독의 시작입니다.

도파민을 분출하는 신경세포의 바로 옆에는 이 도파민을 받아들이는 또 다른 신경세포들이 있어요. 이 세포들의 표면에는 D1 **수용체**와 D2 **수용체**라는 두 가지 도파민을 받아들이는 수용체가 있습니다. 만약 도파민이 D1 수용체에 결합하면 그 즉시 신경세포는 흥분 상태가 되어 도파민을 분출하게 한 행동을 또 하게 만들지요. 반대로 D2 수용체는 행동을 조절하고 억제하는 역할을 하지요. 이처럼 D1, D2 도파민 수용체들의 기능은 완전히 다르답니다.

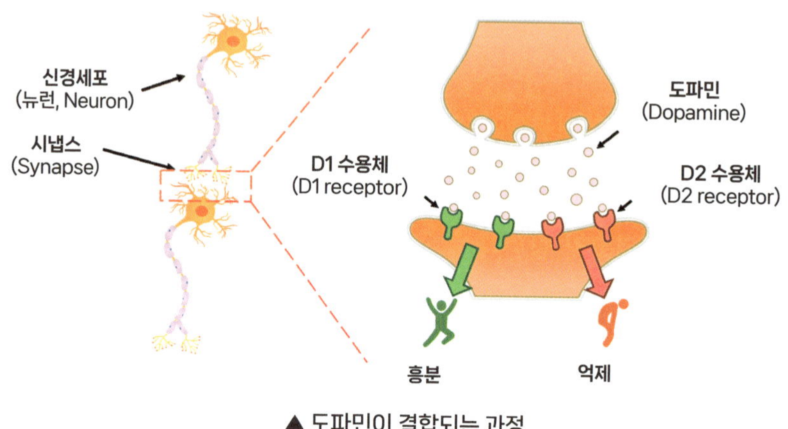

▲ 도파민이 결합되는 과정

니코틴을 팔 벌려 환영하는 신경세포

그런데 흡연을 계속하게 되면 신경세포는 D2 수용체의 숫자를 줄여서 니코틴의 자극에 둔감해지도록 만들어요. 문제는 D2 수용체가 줄어들면, 일상생활의 작은 자극들로부터 나오는 도파민에는 아예 반응하지 않게 됩니다. 소량의 도파민으로는 쾌감을 느낄 수 없으니 일상이 지루하게 느껴지죠. 결국에는 오로지 흡연을 통한 니코틴 흡수만이 많은 도파민을 얻는 방법이 되지요. 여기까지 오게 되었다면, 이제는 흡연을 멈추고 싶어도 멈출 수 없는 **강박 증상**이 생기게 됩니다. 결국, 담배에 중독이 되었다고 볼 수 있습니다. 그런데 이 문제를 악화시키는 것이 하나 더 있습니다. 흡연을 하면 할수록 신경세포의 니코틴 수용체 양이 늘어납니다. 도대체 니코틴 수용체 양이 왜 늘어날까요? 답은 단순합니다. 신경세포가 니코틴을 더 잘 받아들일 수 있는 상태가 되기 위해서 그런 거죠. 반대로 흡연을 중단하면 어떻게 될까요? 이 늘어난 니코틴 수용체들 때문에 신경세포는 과도한 흥분 상태가 되어 흡연을 갈구하게 됩니다. 그래서 흡연자가 자기 주머니에 담배가 없으면 안절부절못하는 강박 증상을 보이지요.

자, 이제 복습해 볼까요? 우리는 흡연으로 인한 니코틴 중독은 뇌에 큰 영향을 끼친다는 무시무시한 사실을 배웠습니다. 정리하자면 뇌 신경세포의 니코틴 수용체에 니코틴이 붙으면 신경세포는 도파민을 분출하게 되어 뇌는 '흡연은 좋은 것'이라는 잘못된 정보를 학습하게 됩니다. 흡연을 하면 할수록, 신경세포를 진정시키는 역할을 하는 D2 도파민 수용체가 줄어들어서 일상생활의 작은 자극으로는 도파민을 얻지 못하고 오직 흡연만을 갈구하는 상태로 변하지요. 또한, 니코틴 수용체가 늘어나면서 금단 증상이 심해집니다. 흡연은 뇌의 회로를 망가트리는 몹시 나쁜 습관이니 처음부터 시작하지 않는 것이 좋습니다.

- 친구들이 흡연을 권할 때는 화제를 전환하거나 핑계를 대어 상황을 회피하기
- 미미디어에서 멋있게 보이는 어른의 흡연 모습이 현실과는 다르다는 것을 인지하기

분명 금연 선언을 했는데,
왜 다시 담배를 찾아요?

담배 피우는 어른에게 새해 목표를 물어보면, 심심찮게 1순위 목표로 '금연'을 들을 수 있을 겁니다. 올해에는 기필코 금연을 한다고 했지만, 시간이 지나고 보면 또 담배를 피우고 있지요. 어른들이 새해 목표로 거짓말을 할 리는 없고, 대체 왜 담배를 다시 피우게 되는 것일까요?

담배를 계속 생각나게 하는 글루타메이트

담배를 끊지 못하게 하는 데는 니코틴과 도파민 이외에도 다른 물질이 작용하기 때문입니다. 바로 글루타메이트Glutamate라는 화합물이 금연

 이 화합물은 뇌세포가 다른 뇌세포와 대화할 때, 즉 신경전달이 일어날 때 뇌에서 사용되는 물질입니다. 만약 뉴런이 같은 종류의 자극으로 인해 반복적으로 활성화가 되면 이 뉴런들 사이에 아주 강한 연결이 생깁니다. 예를 들어 흡연을 통해 니코틴이 니코틴 수용체에 붙으면 도파민이 폭발적으로 분비되죠? 이때 신경세포의 글루타메이트 수용체가 활성화되면서, 신경 연결이 강화됩니다. 그러면 뇌는 '흡연을 하면 기분이 좋아져!'라는 장기 기억을 만들게 되지요.

▲ 글루타메이트 분자 구조(Glutamate)

▲ 니코틴 분자 구조(Nicotine)

▲ 도파민 분자 구조(Dopamine)

여기서 장기 기억은 '흡연 행위, 장소, 상황'과 같은 사실 부분과 '기분이 좋았다'라는 감정 부분으로 나뉘는데, 글루타메이트는 사실 부분에 대한 기억을 담당하고 도파민은 감정에 대한 기억을 만드는 데 관여합니다. 좀 어렵지요? 여기서 중요한 점은 **글루타메이트**와 **도파민**이 서로 협동하여 기억을 만든다는 것입니다. 요약하자면, 도파민이 중독의 시작을 이끌고 글루타메이트는 중독이 지속되게 하지요.

연쇄적으로 작용하는 신경 회로

좀 더 구체적인 실제 상황에 대입하여 설명해 볼게요. 술을 마시면서 흡연하거나, 혹은 컴퓨터 게임을 하면서 흡연하는 상황이 몇 번 반복되면, 우리의 뇌는 술이나 컴퓨터 게임을 흡연과 연결 짓습니다. 만약 학원 쉬는 시간에 친구들과 건물 귀퉁이에서 담배를 피웠다면 '쉬는 시간'과 '친구와의 잡담'이 흡연과 연결되는 거죠. 그러다 보면 쉬는 시간에 친구와 잡담하면서 흡연도 반드시 하게 되는 것입니다.

흡연이 무서운 이유 중 하나로는 **글루타메이트**가 한번 연결해 놓은 신경 회로는 쉽게 사라지지 않는다는 것입니다. 설령 금연 중이라고 하더라도 '술', '쉬는 시간', '컴퓨터 게임'과 같은 것들이 담배와 연관된 **트리거trigger**가 되면, 신경 회로가 활성화되어 도파민의 분비를 갈망하게 됩니다. 이제는 "한 대 피울래?"와 같은 아주 작은 유혹에 쉽게 넘어가게 되고 금연은 실패로 끝나게 됩니다.

흡연이라는 습관은 한번 들이면 정말 멈추기가 어렵습니다. 그러니 처음부터 아예 시작하지 않는 것이 가장 좋은 금연법이에요. 금연하기 위해서는 뇌 속에서 일어나는 **도파민**과 **글루타메이트**의 화학 작용을 인간의 의지로 이겨내야 하는데 그게 참 어렵기 때문입니다.

- '담배를 평생 피우지 않겠어!'라는 생각보다 '딱 오늘만 참기' 전략을 사용하여 흡연 욕구를 줄이기
- 금연을 하고 싶다면 라이터와 재떨이 등 담배와 연상되는 모든 물건을 눈앞에서 치우기
- 숨을 크게 들이마시고 건강한 폐를 상상해 보기

BEER
NO
WHISKY

3

현실 회피의 수단으로
술을 마신다고요?

술의 주성분인 알코올은 마시자마자 바로 식도를 타고 내려와 위와 소장에서 혈액으로 흡수되고 그 이후에는 온몸 구석구석으로 퍼지기 시작합니다. 위에서는 20% 정도가 흡수되고, 나머지는 소장에서 흡수됩니다.

알코올 분해 효소와 알데하이드 분해 효소

소화 기관에서 영양분을 흡수한 혈액은 언제나 간을 거치게 되는데, 알코올도 당연히 간을 들르게 됩니다. 그런데 우리 몸에 알코올이 들어오면 간에서는 야단법석이 납니다. 간은 알코올을 독성 물질로 간주하기 때문이지요. 간은 알코올을 분해하기 위해, 알코올 분해 효소를 이용하여 알코올을 **아세트알데하이드**Acetaldehyde로 만들고, 알데하이드 분해 효소를 이용하여 아세트알데하이드를 **아세트산**Acetic Acid으로 바꿉니다.

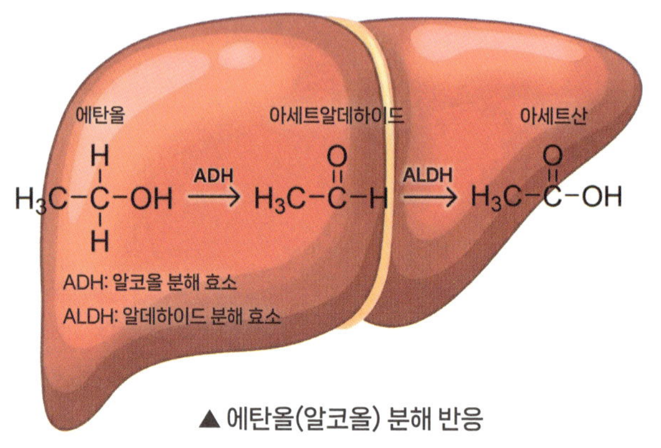

▲ 에탄올(알코올) 분해 반응

알코올도 간세포 독성이 강하지만 **알데하이드**Aldehyde는 알코올보다 독성이 훨씬 더 강합니다. 우리나라 사람들은 대부분 알코올 분해 효소를 가지고 있어요. 하지만 약 $\frac{1}{3}$ 정도의 사람들은 알데하이드 분해 효소가 없어서 생성된 알데하이드가 체내에 오래 머무릅니다. 술을 마시면 머리가 아프고, 금방이라도 토할 듯 메스껍고, 얼굴이 토마토처럼 빨개지고, 심장이 아주 빨리 뛰는 사람들은 이 알데하이드 분해 효소가 없어서 그런 것이지요. 또한, 알데하이드는 우리 몸에 머무르면서 여러 곳의 세포를 파괴하는데, 특히 간세포를 많이 망칩니다. 그러니 술을 마셨을 때 위와 같은 증상이 있다면 술을 마시지 않는 것이 건강에 이롭겠지요?

술을 마시면 운전대를 절대로 잡지 말라고 경고합니다. 거기다 음주 운전은 법으로 엄격히 금하고 있지요. 왜 그런 걸까요? 그 이유는 바로 술이 뇌세포의 활동을 느리게 만드는 진정제 역할을 하기 때문입니다. 운전할 때는 주위를 잘 살피고 갑작스러운 상황 변화에 즉각 대응할 수 있어야 하는데, 술을 마시면 뇌에서 신호 전달이 느려져 위험한 상황에 대비하지 못합니다. 그리고 술을 마시면 졸음이 쏟아지는 것도 술의 진정 효과 때문입니다.

충동적으로 행동하게 만드는 신경전달물질(GABA)

알코올을 마시면 엄청나게 포악해지는 사람들이 있습니다. 성격이 포악해지는 것도 실은 알코올로 인한 진정 효과 때문이지요. 알코올은 전전두엽의 충동을 조절하는 기능을 억제하고, 대뇌피질의 이성적 사고까지 억제해 버립니다. 그렇게 되면 변연계가 담당하는 감정과 본능이 여과 없이 충동적으로 드러나게 됩니다. 평소에는 절대로 하지 않을 법한 욕설과 폭력 그리고 고백 공격이 가능해지는 이유지요. 술에 취해서 하는 말을 소위 취중 진담이라 그러잖아요? 그건 알코올에 의존하여 나타나는 진실한 마음이라고 볼 수 있지만 그리 바람직한 것은 아닙니다.

이에 관해 좀 더 자세히 살펴볼까요? 알코올은 뇌 활동을 억제하는 신경전달물질인 GABA**Gamma Amino Butyric Acid**의 활동을 증가시킵니다. 한편, 세로토닌이라는 뇌의 신경전달물질은 공격성이나 충동을 조절하는데, 알코올은 이 세로토닌의 작용을 방해하죠. 알코올로 인해 세로토닌이 제대로 작용하지 못하면, 우리는 더 공격적이고 충동적으로 행동하게 됩니다.

▲ GABA 분자 구조
(Gamma Amino Butyric Acid)

▲ 세로토닌 분자 구조
(Serotonin)

술을 과도하게 마시면 전전두엽의 기능이 저하되어서 주의력 결핍 상태가 됩니다. 평소라면 전반적인 상황을 판단하고 나서 정상적인 행동을 하겠지만, 술에 취한 상태에서는 단어 하나에 꽂혀 혼자 오해하고 걷잡을 수 없이 포악해질 수도 있습니다. 그런데 술에 관대한 사회적 분위기가 '술에 취한 상태에서는 폭력적이고 충동적인 행동을 할 수 있으니 용인이 된다.'라는 잘못된 메세지를 확산했다고 볼 수 있어요.

기억을 잃으면서도 술을 마시는 이유

술을 자주 마실 경우 알데하이드가 뇌세포와 신경세포를 파괴합니다.

특히 전전두엽과 해마 등 인지 기능과 기억을 담당하는 뇌 영역이 위축되어, 생각하고 기억하는 능력이 현저하게 감소합니다. 그뿐만이 아닙니다. 행동 조절이 잘되지 않아 범죄 행위를 저지르기 쉽고, 심한 경우 다음 날 기억을 잃어버리는 상황이 생길 수도 있어요.

이렇게 몸에 좋을 게 하나도 없는 술을 사람들은 대체 왜 마시는 걸까요? 여기에도 도파민이 크게 관여합니다. 우리가 술을 마시면 뇌에서는 많은 양의 도파민이 분비됩니다. 그러면 뇌는 '술을 마시면 도파민이 나오니까, 술은 좋은 거야.'라는 잘못된 정보를 학습하게 됩니다. 한편 힘들거나 슬픈 일이 생겼을 때 술을 마시면 알코올의 작용으로 인해 뇌가 진정되면서 부정적인 기억에서 잠깐 벗어날 수 있지요. 하지만 힘들거나 슬플 때마다 술을 찾게 되면 '힘든 일이 생기면 술을 찾으면 된다.'라는 공식이 머리에 새겨지게 됩니다. 그러면 심각한 알코올 의존증이 생기게 되는 것이지요. 그리고 내성적인 사람은 집단생활을 할 때 힘들 수밖에 없습니다. 이때는 알코올의 힘을 잠깐 빌려서 사람들과 말을 트고 더 친밀한 관계를 맺을 수 있지요. 그러니 우리나라처럼 개인주의를 잘 받아들이지 않는 문화권에서는 마시기 싫어도 술을 마시게 되는 경우가 종종 있습니다.

알코올 중독에 관해 재미있는 사실이 하나 있어요. 간에 알데하이드 분해 효소가 충분한 사람의 경우, 술을 마셔도 몸이 힘들지 않고 알코올에 의해 도파민이 뿜어져 나와서 즉시 행복해지고 불안감과 스트레스가 날아갑니다. 반대로 알데하이드 분해 효소가 없는 사람의 경우 술을 마시는 것 자체가 육체적 고통을 유발하여 마음이 즐겁지 않으니 술에 의존하기 힘들지요. 그래서 우리나라 사람들보다 알데하이드 분해 효소 결핍 문제가 적은 서양인들에게서 알코올 중독자가 훨씬 더 많이 나옵니다. 만약 술을 마시면 얼굴이 빨개지고 심장이 빨리 뛸 경우 술에 약하다는 뜻이지만 결코 부끄러워할 필요가 없습니다. 그 덕분에 알코올 중독자가 될 가능성은 낮으니까 말이죠.

성인에게도 위험한 알코올이 청소년에게는 얼마나 치명적일까요? 사춘기에는 뇌의 신경 회로가 새로 구성되는 시기입니다. 그런데 술을 마시게 되면 전전두엽이 제대로 발달하지 못합니다. 또한, 위험하고 충동적인 일을 저지를 가능성이 높아지고 기억이나 인지 부분에도 문제가 생겨서 학업에도 어려움을 겪지요. 더 나아가 성장 장애를 겪거나 영구적인 뇌 손상을 입을 수도 있어요. 그러니 냉장고에 들어 있는 맥주 캔이나 부모님께서 모아 두신 위스키를 보면서 호기심이 생길지라도 절대로 유혹에 빠지지 않기를 바랍니다.

- 술을 권유하는 상황에서 벗어나고 싶다면, '컨셉 잡기'로 단호하게 대처하기("나 술 마시면 아무도 감당 못 해!" "나 취하면 여기에 왕창 토할 거야")
- 술에 대한 유혹이 생길 때는 최악의 시나리오를 떠올리며 욕구를 다스리기

4

단 음식을 자꾸만
먹고 싶어요

주변을 한번 둘러보세요. 달콤한 맛을 내는 것들이 지천으로 널려 있습니다. 과자부터 시작해서 초콜릿과 탄산음료, 그리고 떡볶이까지 맛있는 음식이 많네요. 어디 그뿐인가요? 인공감미료가 첨가된 '제로' 음료수도 종류가 참 많습니다. 게다가 우리 주변의 음식점에서는 설탕을 점점 더 많이 사용하고 있어요. 만약 음식이 밍밍하고 맛있지 않으면 손님들이 재방문하지 않으니까 말입니다. 맛집의 고급 레시피가 단맛이라는 사실, 좀 놀랍지요? 그런데 우리는 왜 이렇게 단것을 찾게 될까요?

필수 영양분을 섭취하면 행복감을 느끼는 신체

우리 몸에서 필요로 하는 3대 영양소가 '탄수화물', '단백질', '지방'이라는 것을 모르는 사람은 없을 것입니다. 그만큼 널리 알려져 있거든요. 먼저 **단백질**은 우리 몸에 들어오면 아미노산으로 분해되어 수많은 종류의 효소와 근육 그리고 뼈를 만드는 데 사용됩니다. 그리고 **지방**은 많은 열량을 가지고 있어서 일단 몸에 쌓아 두고 나중에 필요할 때 에너지로 빼내어 쓰기 좋습니다. 마지막으로 **탄수화물**은 포도당으로 분해되어 즉각적인 에너지원으로 사용되지요. 정리하자면 지방과 단백질은 좀 아껴 뒀다가 사용하고, 탄수화물은 바로 사용한다고 생각하면 됩니다.

동굴 생활을 하던 먼 옛날이나 지금이나 몸에 필요한 영양분을 섭취하게 되면 뇌는 '살았다. 너무 행복해.'라고 느낍니다. 그런데 생존에 적합한 행동을 할 때 뇌에서는 도파민이 분비되어 행복감을 느끼게 된다고 알려 드렸지요? 가령 우리의 선조가 끼니를 때우기 위해 사냥을 하러 갔다가 온종일 아무것도 얻지 못했다고 상상해 보세요. 그런 상황에서 꿀이 가득한 벌집을 발견하고는 얼마나 기뻤을까요? 과당과 포도당이 가득한 꿀은 특별한 소화 과정을 거치지 않고도 먹자마자 바로 혈액에 흡수되어 에너지원으로 쓰여 생존에 너무나도 큰 도움이 되는 음식입니다. 그래서 우리가 단맛을 내는 음식을 먹으면, 뇌에서는 당분이 바로 들어온다고 생각하고 도파민을 폭발적으로 분비하죠. 이 도파민 덕분에 우리는 큰 행복감을 느끼게 됩니다. 또한, 도파민 이외에도 세로토닌이라는 호르몬도 뇌에서 중요한 역할을 합니다. 만약 단맛이 몸속으로 들어와서 굶주림이라는 스트레스 상황이 끝나게 되면, 세로토닌이 분비되고 행복하다는 감정을 느끼게 되죠. 이러니 우리가 단맛을 느끼면서 행복하지 않을 수가 없죠.

악마와도 같은 단맛

그런데 단 것을 습관처럼 먹다 보면, 단맛에 대한 내성이 생기기 시작합니다. 그래서 어지간한 단맛으로는 처음처럼 도파민이 분출되지 않고 몸은 자꾸만 더 강한 단맛을 갈구하게 되죠. 우리 주변에 단맛을 내는 음료와 음식이 많아지는 이유도 같은 맥락에서 이해할 수 있습니다. 이제는 적당한 단맛으로 먹는 재미를 잘 느끼지도 못하는 지경에 이르렀습니다.

우리가 밥을 먹으면 아밀레이스**Amylase** 효소가 작용하여 엿당을 만들고, 소장에서는 말테이스**Maltase**가 엿당을 분해하여 포도당을 만듭니다. 이 과정은 서서히 일어나지요. 그러나 설탕이 든 음료를 마시게 되면, 설탕은 소장으로 바로 가서 포도당과 과당으로 쪼개지게 되고 혈액 안으로 마구 들어가므로 혈액 속의 당 농도가 갑자기 치솟지요. 이때 혈액에 포도당이 갑자기 많아지게 되면서 인슐린이 많이 분비되고 세포가 당을 빨리 흡수하게 합니다. 그런데 너무 많은 인슐린이 혈액 속에 있으면, 이제는 혈액 내에서 포도당이 너무 빨리 사라져서 일시적으로 '저혈당' 상태가 되어 버립니다. 우리의 몸은 이 저혈당 상태를 빨리 벗어나려고 또 단맛을 내는 음식을 갈구하게 되지요. 그래서 단 음료를 마시면 조금 있다가 또 마시고 싶은 상태가 됩니다. 당이 많이 함유된 음료를 마시고 나서 또 달콤한 디저트를 찾는 데는 이러한 인슐린의 작용이 숨어 있었던 것이죠.

설탕을 너무 많이 먹어서 당뇨나 다른 건강 문제가 생길까 봐 인공감미료를 첨가한 대체품을 찾는 사람이 많아졌습니다. 과연 인공감미료는 건강에 도움이 될까요? 우리가 '제로 음료'를 마시면 뇌에서는 달콤한 손님이 찾아왔다고 좋아하면서 도파민을 분비합니다. 그리고 몸속에서는 인슐린이 마구 분비가 되어 혈당을 줄일 준비를 하지만 제로 음료에는 당이 없습니다. 인슐린이 '자, 이제 당을 흡수해!'라고 세포에게 신호를 주었지만, 세포는 먹을 당이 없으니 얼마나 당황하겠어요? 그러니 이제 세포들은 인슐린의 말을 잘 듣지 않게 되고 인슐린 저항성이 생기게 됩니다. 그뿐만이 아니에요. 우리의 몸은 '내게 진짜 단 음식을 달라!'라고 시위합니다. 결국, 단 음식을 더 찾게 되는 역설적인 상황이 벌어지죠.

달고 매운 음식의 짜릿한 조합

단맛 중독은 꽤 심각한 문제입니다. 마약이나 알코올 중독처럼, 뇌를 중독시키는 물질이 바로 당과 인공감미료입니다. 뇌의 도파민 보상 체계를 변형시켜서 단맛에서 잘 벗어나지 못하게 만들지요. 그런데 단맛에 다른 맛이 섞여 있을 때 도파민 중독 현상을 더 크게 만들 수 있습니다. 대표적인 예로는 짠맛이 있죠. 지금은 소금을 쉽게 구할 수 있지만, 선사 시대의 인류에게는 소금이 귀한 것이었습니다. 그리고 짠맛은 생체 전해질 균형이라는 측면에서 생존에 아주 중요한 맛이죠. 따라서 단맛과 짠맛이 섞인 음식을 먹으면 짠맛 때문에 단맛이 더욱 부각되기도 하고 짠맛으로 인한 행복감도 높아집니다. 하지만 단맛과 짠맛이 공존하는 음식은 당뇨와 고혈압을 유발할 수 있어요.

혀가 아릴 정도로 매운 라면이나 분식점에서 파는 맛있는 떡볶이는 단맛과 매운맛을 같이 느낄 수 있습니다. 매운맛은 몸에 통증을 유발하는데, 이 통증을 약하게 만들기 위해 몸은 엔도르핀Endorphin이라는 호르몬을 분비합니다. 엔도르핀이 분비되면 큰 행복감을 느끼게 되지요. 한편 단맛은 도파민을 분비하여 행복감을 줍니다. 그러니 단맛과 매운맛의 조합은 도파민과 엔도르핀을 만들어 주는 조합이라고 할 수 있습니다. 하지만 이런 음식을 너무 탐닉하게 되면, 위벽이 헐거나 대장의 벽이 손상을 입어 건강을 잃을 수도 있지요. 이제 마라탕의 매운맛도 엔도르핀의 분비와 관련이 있다는 것을 잘 알겠죠?

지금까지 단맛의 마성에 대해 알아보았습니다. 정리하자면 단맛은 뇌에서 도파민이 폭발하게 하는 맛이지만, 많은 문제를 유발하기에 단맛 중독에서 벗어날 필요가 있습니다. 그러나 단번에 단맛 중독에서 벗어나기는 힘들 테니 시간을 들여 단맛의 강도를 서서히 줄여 보세요.

- 무조건 먹지 않는다고 단정하면 더 간절해지니 '치팅 데이'처럼 '스윗 데이'를 지정하여 그 날에만 먹기
- 단맛을 원하는 건 스트레스를 받아서 일어나는 현상일 수 있으니 평소에 스트레스 관리하기

5

맛있는 조합은 왜 먹어도 먹어도 안 질릴까요?

떡볶이에 어묵이라는 맛있는 조합보다 더 강력한 음식 조합이 있지요. 바로 김밥에 라면입니다. 그런데 생각해 보면, 김밥은 탄수화물로 이루어져 있고 라면 역시 주성분이 탄수화물이라 영양소의 균형이라는 측면에서 보면 '최악의 음식 조합'입니다. 그러나 맛있어서 찾는 사람이 많지요. 그렇다면, 대체 이 음식 조합에는 어떤 비밀이 숨겨져 있기에 사람들이 좋아하는 걸까요?

우리가 '맛있다!'라고 느끼는 음식들은 대다수 감칠맛을 포함하고 있습니다. 감칠맛은 우리가 잘 아는 단맛, 짠맛, 신맛, 쓴맛과 함께 맛의 종류에 들어가는 다섯 번째 맛이지요. 혀에 있는 맛을 느끼는 수용체가 **아미노산**이나 **핵산**과 같은 특정 물질을 인식하면 우리는 감칠맛을 느낍니다. 특히 아미노산인 글루탐산Glutamic Acid과 핵산인 이노신산Inosinic Acid 그리고 구아닐산Guanylic Acid이 감칠맛을 강력하게 내는 성분입니다.

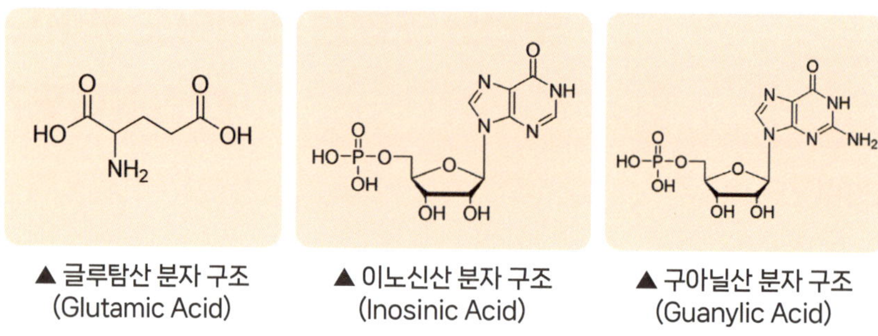

▲ 글루탐산 분자 구조
(Glutamic Acid)

▲ 이노신산 분자 구조
(Inosinic Acid)

▲ 구아닐산 분자 구조
(Guanylic Acid)

감칠맛을 내는 화학 성분

아미노산은 우리 몸을 구성하는 근육과 뼈, 그리고 효소를 만드는 데 필수적인 영양소입니다. 우리가 음식을 먹을 때 뇌에서는 '이 음식은 단백질이 풍부하다.'라는 신호를 받고, 이러한 음식을 더욱 많이 찾게 되겠지요? 글루탐산, 이노신산, 구아닐산은 실제로 단백질이 풍부한 음식에서 나오는 아미노산과 핵산입니다. 한편 국물 맛을 내는 데 다시마만 한 것이 없잖아요? 이 다시마에도 글루탐산이 많이 들어 있습니다. 된장, 간장 등과 같은 발효 식품에도 글루탐산이 많지요. 아울러 이노신산은 육류의 근육 조직에 많고, 국물 맛으로 유명한 가다랑어 국물에 많이 들어 있습니다. 된장찌개를 끓일 때 넣으면 맛있는 표고버섯에는 구아닐산이 많이 있어요.

김밥은 밥과 속을 알차게 채우는 각종 재료로 이루어져 있지요. 그 중 계란 지단은 그 자체로 단백질이 풍부하며 햄에는 이노신산이 많이 들어 있습니다. 또한, 속을 채우는 나물의 맛을 낼 때는 글루탐산이나 이노신산이 듬뿍 들어 있는 조미료를 쓰지요. 그렇다면 라면은 어떤가요? 라면의 수프에도 글루탐산과 이노신산이 많이 들어 있습니다. 이제 김밥과 라면이 왜 맛있는지 알겠지요? 김밥과 라면의 주성분은 탄수화물이지만, 속을 채우는 재료나 수프에 감칠맛을 내는 성분이 잔뜩 들어갔기 때문이에요. 그래서 우리의 뇌는 탄수화물을 먹으면서도 감칠맛에 속아서 '아! 단백질이네? 정말 맛있다'라며 김밥과 라면을 마구 흡입하게 되는 것입니다. 물론 탄수화물 자체가 주는 단맛의 만족도도 매우 높지요. 혈당이 많아지면 세로토닌이 분비되어 행복감을 느끼니까요. 도파민을 분비하게 하는 감칠맛과 세로토닌을 분비하게 하는 탄수화물로 무장한 김밥과 라면은 행복 그 자체입니다.

맛있다고 많이 먹으면 퉁퉁 불어나는 몸

그런데 감칠맛을 내는 각각의 성분들이 따로 있을 때보다 서로 같이 있을 때 수십 배 더 강하게 느껴집니다. 그 이유는 감칠맛의 성분들이 서로 힘을 합쳐 뇌에 더 강한 자극을 주기 때문이지요. 그래서 글루탐산, 이노신산, 그리고 구아닐산이 모두 모여 있는 김밥이나 라면은 맛있을 수밖에 없습니다. 또한 소금의 짠맛은 감칠맛을 극대화합니다.

그런데, 야식으로 김밥이나 라면을 먹으면, 그다음 날 얼굴과 몸이 아주 통통 부어 있지요? 음식에 들어 있는 염분이 물을 붙잡고 있으니 몸이 부을 수밖에요. 만약 평소에 아주 짜게 먹는 습관이 있다면 혈관 벽이 받는 압력이 높아져 고혈압이 생길 수 있어요. 또한, 김밥과 라면의 조합은 영양소의 균형 측면에서 보았을 때 탄수화물 쪽으로 과하게 치우쳐져 있습니다. 한편 우리 몸에 음식물이 들어온 다음에 탄수화물이 에너지로 다 쓰이지 못하면, 지방 분자로 바뀌어 버립니다. 그러므로 라면에 김밥이 아무리 맛있어도 너무 자주, 그리고 많이 먹지는 마세요. 여러분! 맛있으면 '0칼로리'가 아니라, 맛있다고 많이 먹으면 살찝니다.

- 짠 음식을 먹었다면 칼륨이 풍부한 음식을 후식으로 챙겨서 나트륨을 몸 밖으로 밀어내기
- 단짠단짠은 혈관 킬러! 몸에 당이 들어오면 인슐린 수치가 높아지고 나트륨의 배출을 방해하여 혈압을 높이니 건강한 식습관을 유지하기

6

저기압일 땐 고기 앞으로!
고기가 맛있는 이유가 궁금해요

삼겹살, 불고기, 양념갈비, 등심구이, 프라이드치킨, 족발에 보쌈까지! 우리를 유혹하는 고기 요리는 종류도 참 많습니다. 우리는 도대체 왜 고기를 이렇게까지 좋아하는 걸까요? 우리의 몸을 살펴보면, 그 답을 금방 찾을 수 있습니다. 우리 몸을 지탱하는 뼈는 **콜라겐**Collagen이라는 단백질 섬유와 **인회석**이라는 광물의 나노 결정으로 이루어졌습니다. 머리카락, 손발톱, 그리고 온몸의 체모는 **케라틴**이라는 단백질로 이루어져 있지요. 어디 그뿐인가요? 근육세포는 단백질 섬유로 가득 차 있고, 심지어 우리 몸의 수많은 대사 작용을 책임지는 7만 5000종 이상의 효소들도 단백질이죠(우리 몸속에는 현재까지 밝혀진 것만 해도 5,000여 종 이상의 효소가 정교하게 작동하고 있으며, 학계 일각에서는 알려지지 않은 효소까지 포함해 그 종류가 약 7만 5000종 이상에 이를 것으로 추정합니다). 즉 단백질과 단백질을 구성하는 **아미노산**은 생명 활동을 지탱하는 중요한 기둥이라고 할 수 있습니다.

고기를 먹으면 배가 든든한 이유

우리의 세포막은 **인지질**이라는 계면활성제로 만들어져 있습니다. 말 그대로 지질 분자로 이루어져 있지요. 중성 지방은 **지방산**(유기산이라고도 부름)과 **글리세롤**이라는 분자가 만나서 만드는 것인데, 우리가 먹는 고기에도 다량으로 들어 있습니다. 이 중성 지방을 이루는 지방산과 글리세롤이 각각 활성화되어 여러 단계의 반응을 거치게 되면 인지질이 만들어집니다. 또한, 지방산의 구조를 보면 탄소와 수소로 이루어진 사슬의 맨 끝에 '-COOH'가 달려 있어요. 이러한 구조 때문에 지방산은 우리 몸에 많은 에너지를 공급해 줄 수 있습니다. 1g의 지방으로 무려 9kcal라는 열량을 얻을 수 있지요. 마치 휘발유나 경유가 연소하여 자동차가 굴러가는 것처럼요. 정리하자면 중성 지방을 구성하는 지방산과 글리세롤은 생명체의 필수 단위인 세포를 만들거나 세포에 에너지를 공급하는 데 필수적인 영양소라고 할 수 있겠네요.

• 지방산　　　　　• 글리세롤

• 중성지방

▲지방의 분자 구조

지금이야 먹을 것이 넘쳐나기에 지방을 부담스러워하는 사람들도 있지만, 우리 선조가 동굴 생활을 할 때 '지방'은 말 그대로 '하늘의 축복'이었을 겁니다. 압도적인 에너지 효율을 가진 지방을 잘 섭취하면 혹독한 겨울을 잘 견뎌 낼 수 있었을 테니까요.

고기를 먹으면 혀에서는 잔치가 벌어진다

고기에는 단백질과 지방이 가득 차 있죠? 그뿐만 아니라 세포를 구성하는 콜레스테롤과 같은 분자들이 가득 차 있습니다. 그러니 고기를 한

점 먹는 순간 우리 혀의 미뢰 세포에서는 고기에 들어 있는 글루탐산, 이노신산, 그리고 지방 등을 인식하고는 뇌에 신호를 보냅니다. 그러면 우리 뇌는 '살았다! 생존에 필요한 지방과 단백질이 내 몸 안으로 들어온다.'라고 인식하여 도파민을 마구 분비하게 되지요. 그런데 우리가 고기를 먹을 때 그냥 먹어도 행복하지만, 여기에 소금을 찍어 먹을 수도, 양념을 해서 먹을 수도 있잖아요? 소금의 짠맛은 감칠맛을 더 강하게 느끼게 하고, 양념장에 들어 있는 당분과 감칠맛 성분인 글루탐산과 이노신산 등은 세로토닌과 도파민을 더 분비되게 만듭니다. 양념갈비나 불고기, 그리고 양념치킨 등 고기에 양념을 입힌 음식이 인기가 있는 데는 다 이유가 있는 것이죠.

한편 '지방의 맛'이 여섯 번째 맛으로 대두되고 있습니다. CD36이라는 수용체는 혀의 미뢰 세포에서 지방 분자를 인식하는 데 사용되지요. CD36의 수용체 양은 사람마다 다릅니다. 이 수용체가 많이 있는 사람은 지방 맛을 쉽게 느끼는 데 반해서 수용체가 적으면 지방 맛을 잘 못 느끼게 됩니다. 그래서 더 많은 지방을 섭취할 수 있어요. 어떤 사람은 삼겹살 두어 점만 먹어도 느끼하다고 그만 먹는 반면에 어떤 사람은 몇 인분을 먹어도 끄떡없는 이유가 여기에 있어요.

이제 우리가 왜 고기를 좋아하는지 알게 되었지요? 그런데 고기만 좋아하고 섬유질 음식을 피하면 어떤 일이 생길까요? 우리의 장에는 수많은 세균이 살고 있는데 섬유질을 좋아하는 유산균 같은 유익균(프로바이오틱스)이 있는가 하면 유해균들도 살고 있지요. 그런데 고기만 먹으면 장 건강을 도와주는 프로바이오틱스들이 잘 살지 못하게 됩니다. 그 대신에, 단백질 찌꺼기를 먹으면서 암모니아나 황화수소 같은 기체를 방출하는 유해균들이 더 잘 살게 되지요. 그게 대체 무슨 소리냐고요? 암모니아나 황화수소는 아주 고약한 냄새를 냅니다. 즉 냄새가 아주 고약한 방귀를 뀐다는 소리죠, 뭐.

- 상추나 깻잎에 고기를 한 점 올려서 같이 먹는 습관을 기르기(채소의 식이섬유가 고기의 지방 흡수를 조절해 주고 유익균을 살리는 역할을 함)
- 스트레스가 쌓여 있을 때는 고기를 먹어 도파민을 분비하기

7

피곤함을 잊게 만드는
에너지 드링크! 많이 마셔도 될까요?

공부할 시간은 부족하고, 매일 진도 따라가느라 잠도 부족하고, 친구들과 추억을 쌓아야 하는데 학원에 가야 하고, 요즘 학생들은 참 힘들어요. 잠자는 시간을 줄여서라도 공부를 해야겠다고 생각하는 친구들은 에너지 드링크를 마시기도 하죠. 그런데 에너지 드링크를 한번 마시기 시작하면 끊기가 어렵고 음료에 의지하게 됩니다. 과연 이걸 많이 마셔도 건강에는 문제가 없을까요?

사춘기에 늘 졸린 이유

키가 커지고 근육이 늘어나는 성장기에는 수많은 세포가 분열하고 재생하는 과정이 필요합니다. 성장에 따른 에너지가 매시간 채워져야 하므로 사춘기 학생은 늘 피곤하지요. 긴 시간을 자도, 편하게 쉬고 있어도, 정말 아무것도 안 해도 쉽게 배가 고프고 졸립니다. 한편 성장 호르몬은 깊은 잠에 빠졌을 때 가장 많이 분비됩니다. 우리가 잠자리에 들어야 몸속 호르몬도 일을 할 수 있으니, 시도 때도 없이 우리를 재우는 거랍니다. 갓 태어난 아기가 많이 자는 이유도 같은 맥락으로 볼 수 있어요. 게다가 사춘기에는 뇌도 많은 변화를 겪는데, 감정 조절과 이성적인 사고를 담당하는 전전두엽에 많은 변화가 일어납니다. 예전에 있던 신경망은 끊어지고 곧바로 새로운 신경망이 생기지요. 이 과정에는 참으로 많은 에너지가 필요합니다.

사춘기는 어린이에서 청소년으로 변하는 시기입니다. 학교생활과 교우 관계에도 변화가 많이 생깁니다. 많은 깃들이 동시다빌적으로 번하는 과정에서 늘 긴장한 채로 주변을 살피게 되는데, 당연히 정신적으로 피곤해질 수밖에 없습니다. 게다가 청소년은 늘 긴장 상태로 생활하니 되도록 포근한 침대 속에서 몸의 긴장과 뇌의 피곤함을 풀어 주어야 합니다. 하지만 등교 시간을 맞추려면 학생들은 아침 일찍 일어나야 하지요. 그래서 사춘기 학생은 아침에 졸릴 수밖에 없습니다.

아데노신 분자를 방해하는 카페인

뇌세포와 뇌세포 사이의 연결 부위(시냅스)에는 **아데노신 수용체가** 있습니다. 그런데 우리가 잠에서 깨는 순간부터 뇌세포는 체내 에너지를 사용하여 아데노신 분자를 세포 밖으로 방출해요. 이로 인해 아데노신 수용체에 아데노신 분자가 많이 붙게 되면, 우리 몸은 피곤함을 느끼게 됩니다. 이 피곤함은 잠을 자야만 해결할 수 있습니다. 한마디로 아데노신의 작용은 우리 몸이 스스로를 혹사하지 못하도록 만들어 놓은 장치라고 생각하면 돼요. 여기서 중요한 점은, 카페인이 아데노신 분자와 아주 흡사하게 생겼다는 것입니다. 우리가 카페인이 들어 있는 음료를 마시게 되면 카페인의 방해로 인해 아데노신이 아데노신 수용체에 결합할 수 없어요. 실제로는 몹시 피곤한 상태이지만, 카페인의 작용으로 인해 강제로 깨어 있는 각성 상태에 돌입하게 됩니다.

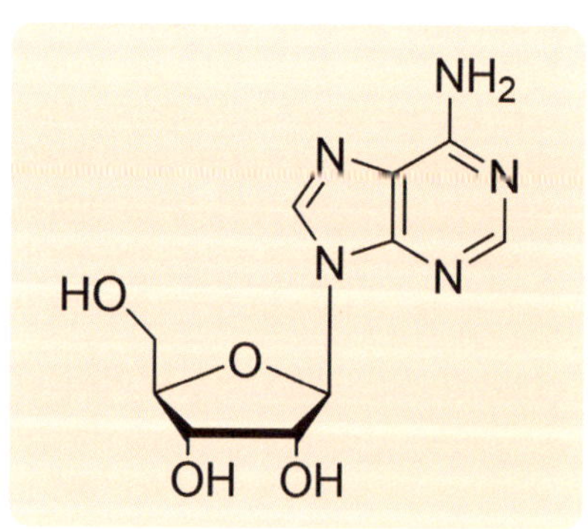

▲ 아데노신 분자 구조(Adenosine)　　▲ 카페인 분자 구조(Caffeine)

에너지 드링크에는 아주 많은 카페인이 들어 있습니다. 그래서 피로할 때 에너지 드링크를 마시면, 아데노신을 밀어내 버려서 우리 몸이 깨어 있게 만들지요. 그뿐만 아니라 에너지 드링크에는 설탕도 많습니다. 이 설탕이 혈액에 흡수되면 우리는 행복감에 빠지게 되지요. 하지만 급작스럽게 올라간 혈당을 낮추기 위해 인슐린이 많이 분비되면 혈당이 급격하게 줄어들게 된다고 배웠지요? 결국에는 줄어든 혈당을 또 채우기 위해 에너지 드링크를 또 찾게 됩니다. 그러나, 에너지 드링크를 계속 마시게 되면 우리 몸은 고카페인에 점점 익숙해지고, 각성 상태를 유지하기 위해 더 많은 카페인을 원하게 됩니다. 결국 '에너지 드링크 의존 상태'가 되어 몸에는 카페인이 일정 수준 이상 계속 남아 있게 되지요. 그런데 카페인이 몸에 많이 남아 있으면 잠을 일찍 자는 것이 불가능하여, 잠을 자도 몸의 피로가 완전히 해소되지 않아요. 혹시라도 카페인을 마셔도 잠을 잘 잔다거나 피곤하다고 말하는 사람들은 카페인 중독 상태가 아닌지 점검해 볼 필요가 있습니다. 그리고 당연하게도 잠을 늦게 자면 아침에 일찍 일어나는 것은 정말 힘들고 더 피곤합니다.

에너지 드링크는 잠깐 반짝하고 정신이 들게 하는 효과가 있지만, 그 속에 들어 있는 설탕과 카페인은 우리를 중독 상태로 만들고 실제로는 몸을 망치는 나쁜 음료입니다. 탄산음료도 에너지 드링크와 크게 다르지 않아요. 탄산음료에 들어 있는 설탕과 카페인의 조합은 에너지 드링크와 같은 영향을 몸에 끼칩니다. 그러니 물이 우리 몸에 가장 좋은 음료라는 것을 잊으면 안 돼요. 몸이 피곤하면 일단 잠을 푹 자야 합니다. 될 수 있으면 잠자리에 일찍 들어 충분한 숙면을 취하세요. 그래야 키도 크고 뇌도 정상적으로 잘 발달할 수 있습니다. 또한, 잠을 잘 자야 그날 공부한 내용을 뇌가 잘 저장할 수 있어요. 무엇보다 잠을 잘 자는 것이 건강하고 똑똑하게 성장하는 지름길이라는 것을 알겠죠?

- 카페인을 과다하게 섭취하면 심각한 무력감과 집중력 저하를 불러올 수 있음
- 카페인은 곳곳에 숨어 있으니 제품 뒷면의 '고카페인 함유' 문구와 카페인 함량을 확인하기
- 오후 2시 이후에는 카페인을 멀리하는 습관 기르기

8

밤마다 울리는
배꼽시계의 주인은 그렐린?

음식을 먹다 보면 어느 순간 배가 불러서 그만 먹고 싶어지는 순간이 옵니다. 그러다 시간이 지나면 또다시 몸은 배가 고프다는 신호를 보내오지요. 이때 배가 부르거나 고프다는 신호는 뇌가 알아채는 것인데요. 그렇다면 대체 누가 뇌에 이런 신호를 보내는 걸까요?

뇌에게 신호를 보내는 '렙틴'과 '그렐린'

렙틴Leptin과 그렐린Ghrelin은 우리의 식욕을 조절하는 호르몬으로 혈액을 타고 뇌로 이동하여 시상하부에 있는 뇌세포의 수용체에 결합합니다. 시상하부는 우리 몸의 체온을 조절하거나 갈증이나 배고픔의 신호를 알아채는 뇌 기관입니다. 여기에 렙틴과 그렐린이 붙어 우리가 배가 고프거나 부른 상태를 알려 주는 전령(메신저) 역할을 하는 것입니다. 뇌세포의 수용체에 렙틴이 결합하면 '배가 부르다'라고 느끼게 되어 그만 먹게 되고, 그렐린이 결합하면 '배가 고프다'라고 느끼게 되어 밥을 찾게 됩니다. 그렐린의 농도와 렙틴의 농도는 서로 반대입니다. 그렐린의 농도가 높으면 렙틴의 농도는 낮고, 그렐린의 농도가 낮으면 렙틴의 농도는 높지요.

그렐린은 위벽에 있는 세포에서 분비되는데, 공복 상태가 되면 분비가 되고 식사 시간이 되면 그 농도가 급격히 높아지게 됩니다. 혹시 '배꼽시계'라는 말을 들어 보았나요? 희한하게 우리가 밥 먹는 시간 근처만 되면 배가 고프죠? 그렐린이 바로 그 배꼽시계를 맞추는 담당자입니다. 한편 렙틴은 내장에 있는 지방세포에서 분비됩니다. 밥을 먹으면 혈당 수치가 높아지고 체내의 인슐린 농도도 높아져요. 그러면 내장의 지방세포에 인슐린이 작용하여 지방세포가 렙틴을 분비하게 만듭니다. 특이하게도 렙틴은 밥을 먹자마자 바로 분비되지 않고, 밥을 먹고 나서 15분 정도는 지나야 그 농도가 충분히 올라갑니다. 그러므로 배가 고프다고 밥을 허겁지겁 먹으면 필요 이상으로 많은 양의 음식을 먹게 되고 결국에는 비만이 될 가능성이 높아집니다. 밥을 먹을 때는 되도록 천천히 먹는 것이 체중유지와 건강에 좋습니다.

스트레스를 받으면 배가 고픈 이유

그렐린은 식사 시간 전에도 분비가 되지만 새벽이나 늦은 밤에 또다시 분비됩니다. 만약 늦은 시간까지 잠을 안 자고 깨어 있으면 급작스러운 공복감을 느끼게 되어 무엇인가 먹을 것을 찾게 되지요. 그런데 야식을 습관적으로 먹게 되면 우리 몸은 야식 시간을 '규칙적인 식사 시간'으로 인식하게 되고, 그 시간이 되면 그렐린을 많이 분비하게 됩니다. 결국에는 그렐린 배꼽시계 자명종이 밤늦게 울리는 셈입니다. 한편 수면 부족 상태가 되면 우리 몸에서는 스트레스 호르몬인 **코르티솔**이 분비됩니다. 이 호르몬의 작용으로 배부름 신호를 담당하는 렙틴이 분비되어 지방세포의 작용이 억제되어요. 그래서 실제로는 에너지가 충분한데도 '에너지가 부족해!'라는 잘못된 신호를 뇌가 받게 됩니다. 소위 '헛배고픔'이 생기는 것이지요.

아시겠죠? 야식의 유혹은 늦은 밤까지 깨어 있었기 때문에 생기는 현상이라는 것을요. 만일 우리가 배고픔을 이기지 못하고 야식을 먹었다고 가정해 봅시다. 음식을 먹고 바로 잔다고 하더라도 몸이 소화를 시키고 있어서 깊은 잠에 빠지기가 어려워요. 그러니 잠자리에 일찍 드는 것이 피로함을 지우고 야식의 유혹을 이길 수 있는 좋은 방법이라는 것을 기억해야 합니다.

한편 다이어트한다고 낮에 밥을 너무 적게 먹으면 오히려 야식을 불러올 수 있어요. 몸에 에너지가 부족하거나 위가 비어 있으면 식탐 호르몬인 그렐린이 '휴먼, 식량으로 위를 채워라!'라고 시끄럽게 굴지도 모르니 말입니다. 저녁에 단백질과 섬유질이 풍부한 음식을 먹는 것도 야식을 이기는 좋은 방법입니다. 이러한 음식은 위에 오래 머무르게 되는데 소화가 늦어질수록 그렐린은 더욱 늦게 나타날 거예요. 그런데 저녁을 아무리 잘 먹는다고 해도 밤늦게까지 컴퓨터 게임을 하거나 소셜미디어에 빠져 있다 보면 라면 생각이 저절로 날 수밖에 없습니다. 그다음 날 얼굴이 퉁퉁 부었다고 속상해 말고 일찍 일찍 잠자리에 드세요. 예쁘고 잘생겨지려면 잠을 잘 자는 것이 최고랍니다. 잊지 마세요! 숙면을 잘 취해야 하루가 편안해지고 외모도 빛을 발하게 된답니다.

- 야식 생각이 간절해진다면 '내일 일어나서 먹자.'라고 생각하고 일찍 잠자리에 들기
- 잠이 안 올 정도로 배가 고프다면 우유를 따뜻하게 데워 한 잔 마시거나 삶은 달걀로 위장 달래기

9

소셜미디어 세계는
왜 이렇게 즐거운가요?

엘리베이터에서 낯선 사람과 눈을 마주치면 참 머쓱합니다. 설령 같은 아파트에 사는 주민이라고 하더라도 고개를 까닥이는 간단한 인사 정도에 그치고 고개를 돌려 버리는 것이 우리의 일상이지요. 그런데 이 어색한 시간 속에서 우리를 구해 주는 것이 있습니다. 바로 스마트폰입니다. 스마트폰을 꺼내 들여다보기만 해도 마음이 편안해지죠. 내가 좋아하는 영상을 보거나 재미있는 게임을 하면서 어색한 상황에서 잠시 벗어날 수 있게 됩니다.

우리는 코로나19 사태를 겪으면서 마스크를 대중적으로 사용하게 되었습니다. 그러면서 사람들의 표정을 관찰할 기회가 줄어들었지요. 오로지 상대방의 눈만 볼 수 있었으니까요. 코로나19 사태 동안에는 수업을 인터넷으로 진행해야 했습니다. 그러다 보니 친구들과는 어떻게 친해져야 하고, 어른들과는 어떤 식으로 대화하는지 그 방법을 배울 기회를 많이 놓치고 말았지요. 지금은 코로나가 지나가고 얼굴을 편히 내놓고 다니는 상황이 되었지만, 상대방의 얼굴을 보며 그 사람의 심리 상태나 성격을 짐작하는 연습을 하지 못한 학생들은 현재 상황이 불편하겠지요. 사람을 상대하는 것이 불편한 사람들에게 스마트폰은 유일한 탈출구가 되어 줍니다.

현실과는 다른 스마트폰 속 미디어 세계

스마트폰 속의 세상도 많이 변했습니다. 유튜브나 인스타그램과 같은 소셜미디어는 개인 맞춤형 서비스를 제공하고 있지요. 그리고 소셜미디어 앱은 스마트폰의 주인이 어떤 콘텐츠를 즐겨 찾는지, 어떤 키워드를 좋아하는지 끊임없이 모니터링하면서 그때그때의 관심사에 맞추어 쇼츠나 릴스를 계속 보여 줍니다. 만약 앱 사용자가 뷰티 유튜버의 영상을 아주 잠깐이라도 시청했다면, 알고리즘은 이를 관심사로 판단하여 계속해서 관련된 영상을 보여 줍니다. 왜냐하면, 소셜미디어 회사가 돈을 벌기 위해서는 소비자가 그 앱에 오랫동안 머물러야 하기 때문입니다. 따라서 소비자가 다른 앱으로 옮겨가지 못하도록 계속해서 자극적인 영상이나 관심 영상을 보여 주고 앱 사용 시간을 늘려서 '소셜미디어 중독자'로 만들지요.

타인과는 단절된 '자신만의 세계'라는 편안함을 주고, 쉴 새 없이 흥미로운 콘텐츠를 보여 주는 스마트폰이 당연히 좋을 수밖에 없겠지요? 실은 이러한 스마트폰 의존증에는 뇌 속 호르몬인 도파민의 역할이 큽니다. 우리가 손가락만 까딱하면 쇼킹하고 재미있는 영상을 볼 수 있지요? 그런데 뇌는 여기서 멈추지 말고 더 재미있는 영상을 찾으라고 명령합니다. 그뿐만이 아니에요. 사람이면 누구나 타인으로부터 인정을 받고 싶어 하는데 소셜미디어에서는 현실의 나와 다른 멋있는 존재가 되어 인정받을 수 있지요. 먼저 메이크업으로 내 모습을 꾸미고 나서 수백 장의 사진을 찍고, 그중에서 가장 잘 나온 사진을 보정하면 인기 많은 연예인보다 더 예쁘고 잘생겨 보이죠. 이제 꾸며진 내 모습을 인터넷 세상에 공유하면 나를 전혀 모르는 누군가가 하트를 눌러 줍니다. 그러면 내가 정말 대단한 사람이 된 것 같다는 생각이 들면서 행복감이 차오릅니다. 지금 이 순간에도 수많은 사람들이 도파민에 조종당해서 평소와는 다른 모습을 하고선 소셜미디어에 가공된 사진을 올리고 있어요.

대인 관계에서 어려움을 겪고 있거나 우울한 상황이 계속되면 스마트폰 속 세상에 빠져들기 더 쉽습니다. 왜냐하면, 그곳에는 아무런 갈등 상황도 생기지 않으니까요. 그저 쇼츠를 보거나 간단한 게임을 하면서 현실의 문제에서 벗어나 마음의 짐을 조금 내려놓을 수 있죠. 그런데 도파민을 추구하는 행위가 계속되다 보면 또 다른 강박 증상이 생길 수 있습니다. 예를 들면 '내가 올린 사진의 조회 수가 잘 나올까?, 누군가 내 미디어를 보고 험담하는 건 아닐까?, 아무도 반응해 주지 않으면 어떡하지?' 등 두려움이 생기고 자꾸 스마트폰을 확인하게 되는 것이지요.

요즘 세상은 정말 빠르게 변하고 있어요. 수많은 이슈가 계속 생겨나므로 자칫하면 뉴스를 놓칠 수 있는데, 그러다가 정보 부족으로 친구들과의 대화에 끼지 못할까 봐 걱정이 생길 수도 있습니다. 수시로 연예 뉴스를 보며 인기 아이돌 그룹의 근황을 체크하는 것도 그러한 두려움 때문일 수 있습니다. 물론 좋아서 그렇게 하기도 하지만요.

연습을 방해하는 스마트폰

스마트폰에 중독되면 여러 가지 문제가 생기는 것도 사실입니다. 먼저 비언어적 의사 표현을 배울 기회가 줄어들어서 사회적으로 미숙한 행동을 하기 쉽고, 사회에서의 성공 사다리를 오르는 데 문제가 생길 수도 있어요. 그리고 도파민에 지속적으로 노출되면 집중하는 능력이 저하됩니다. 어떤 분야든 간에 집중해서 공부하고 연습해야 그 분야에서 성공을 거둘 수 있는데, 집중력이 쉽게 흐트러지는 사람은 큰 핸디캡을 가지고 시작하는 셈이 되지요. 그러니 만약 스스로 스마트폰 의존 증세가 심각하다고 느낀다면, 사용 시간을 점차 줄이려고 노력해야 합니다.

금연이 어려운 것과 마찬가지로 스마트폰 의존증을 야기한 도파민 중독도 치료하기 어렵습니다. 일단 중독성이 강한 앱은 찾기 힘들도록 폴더 속에 감춰 두어 접근성을 낮추세요. 그리고 '좋아요'나 '댓글' 등 앱 알림을 끈다면 다른 중요한 일을 할 때 집중력이 떨어지지 않을 것입니다. 하루 중 특정 시간에는 절대로 스마트폰을 보지 못하게 물리적으로 먼 곳에 두는 것도 좋겠지요?

우리가 스마트폰을 잠깐 멀리 둔다고 해서 큰일은 잘 일어나지 않습니다. 정말 중요한 연락이라면 카카오톡이나 메신저로 하지 않고, 이메일이나 집 전화로도 할 수 있으니까요. 그리고 소셜미디어 알림에 바로바로 반응하지 않아도 괜찮습니다. 인생에 가장 쓸모없는 것 중 하나가 소셜미디어에 시간을 바치는 것이에요. 게다가 사춘기는 몸과 마음이 자라는 정말 중요한 시기입니다. 스마트폰 때문에 그 소중한 시간을 다 날려 버리지 않도록 해야겠습니다.

- 화면을 '흑백'으로 전환하여 시각적 자극을 줄이기
- 스마트폰을 만지고 싶은 충동이 밀려오면 '딱 10분만 참아 보자'라고 생각하고 스마트폰 사용을 미루기

10

오늘은 그냥 놀고,
공부는 내일로 미루고 싶어요

공부를 열심히 해야 성공한다고 부모님은 늘 말씀하시지요. 선생님도 그러시고요. 내가 생각해 보아도 그런 것 같기는 하지만 연예인들이나 프로 운동선수들이 공부를 잘해서 성공한 것은 아닌 것 같아 보여요. 게다가 잘 나가는 유튜버는 좋아하는 것을 하면서 1년에 수억을 번다는 이야기도 들리고 말입니다. 그러니 내가 지금 꼭 공부를 해야 하나 싶은 마음이 들어요. 그리고 아직 구체적인 꿈도 없는데 오늘은 게임이나 좀 하다가, 공부는 내일 하면 안 될까요?

공부의 진짜 의미

대다수 학생이 간과하는 것이 있어요. 운동선수로서 1년에 수십, 수백 억을 벌기 위해서는 적어도 우리나라 안에서 그 분야 1등을 해야 해요. 실제로 성공한 아이돌은 극히 드물어요. 다른 연습생들보다 훨씬 더 열심히 노력해서 월등하게 뛰어난 음악이나 춤 실력을 갖추어야 하죠. 또한, 생계가 가능할 정도로 성공한 유튜버들은 남들과 다른 특별한 매력이나 재능을 가지고 있습니다. 그러한 재능을 가지기 위해 얼마나 많은 시간을 들여 노력했는지 겉모습만 보고는 알 수가 없어요. 어디 그뿐인가요? 대중에게 얼굴을 드러내고 활동하는 사람들은 언제나 남들의 비판에 노출되어 있고 사생활도 침범당하기 쉬워요. 돈을 많이 버는 만큼 심리적으로 아주 힘든 생활을 하게 됩니다. 의외로 많은 연예인이 정신과 치료를 받고 있답니다. 그래서 이런 사실을 잘 아는 어른들은 '공부만이 살길'이라고 말합니다. 그런데 문제는 공부를 아무리 열심히 한다고 해도 반드시 성공하리라는 보장은 없으니, 사춘기 학생에게 좋은 대학에 들어가거나 존경받는 직업을 가지는 것은 자신과는 상관없는 아주 먼 미래의 일처럼 들립니다.

공부를 한다는 것은 단순히 교과서나 문제집을 한 번 더 읽는 것이 아닙니다. 모르는 내용이 있다면 내 것으로 만들기 위해 머리를 쥐어짜는 노력을 해야 합니다. 이때 생각보다 더 많은 에너지를 써야 하는데, 우리 뇌는 에너지를 지나치게 소모하는 것을 원하지 않습니다. 우리가 공부에 에너지를 써봤자 당장의 생존에는 별 도움이 안 되거든요. 게다가 뇌의 에너지를 아주 많이 소모하면서 공부를 열심히 한다고 해도 뛰어난 성적을 단번에 얻기는 힘듭니다. 내가 열심히 하는 만큼 친구들도 열심히 할 테니까요. 그리고 시험을 망쳐서 성적이 떨어지게 되면 무력감에 휩싸이고 '내가 공부로 성공할 수 있을까?'라는 회의감이 생기죠. 이런 상황에서는 스트레스 호르몬인 **코르티솔**이 분비되어 쉽게 무기력해집니다. 그래서 지금 당장 스트레스를 해소하려고 도파민이 나오는 행동을 찾아서 하게 되지요.

대표적인 예로 컴퓨터 게임이 있습니다. 게임에서 상위권을 차지하려면 주어진 퀘스트를 반복적으로 실행하면 됩니다. 잠자는 시간과 밥 먹는 시간을 아껴가면서 단시간에 레벨이 오르면 뭔가 대단한 일을 이루어 낸 것 같은 기분이 들고 어깨가 올라갑니다. 다른 예로는 인스타그램에 사진을 올리고 '좋아요'를 기대하는 것이죠. 모르는 사람이라고 한들 좋아요 수가 많아지면 인정을 받은 거 같아 자존감이 올라가고 행복감을 느끼게 됩니다. 혹은 낄낄거리면서 쇼츠나 릴스를 보며 도파민을 만들어 냅니다. 그런데 사춘기의 뇌는 **전전두엽**이 아직 충분히 발달하지 않아서 이성적인 판단 능력이 약하고 본능과 충동에 쉽게 휘둘릴 수 있습니다. 컴퓨터 게임과 소셜미디어를 하는 것이 시간 낭비라는 것을 잘 알지만, 그것을 자제하기란 어렵습니다. 따라서 사춘기의 뇌는 힘든 일은 피하고 쉬운 것만 찾아서 즐거움을 추구하라고 계속 신호를 보냅니다.

사춘기 학생들이 공부를 미루는 데는 심리적인 이유도 있습니다. 시험에서 높은 성적을 받겠다고 결심하고 공부를 열심히 했는데 결과가 좋지 않다면 자신이 공부에 재능이 없다고 생각하기가 쉽죠. 이러한 크나큰 패배감에 빠지게 되는 상황은 아무도 원하지 않습니다. 그래서 '난 시험공부를 안 해서 성적이 나쁜 거야. 내가 공부만 제대로 하면 1등은 식은 죽 먹기지.'라고 자신을 속이는 청소년이 많아요. 또한, 열심히 공부한 내용은 시험에 안 나오고, 어쩌다 찍은 문제는 맞고, 고민해서 적은 답이 틀렸다면 시험 점수는 운에 결정된다는 생각이 들 수도 있습니다. 그러면 더더욱 공부를 열심히 할 필요가 없다고 느끼게 되어 공부 자체를 싫어하게 될 수 있어요.

큰 목표를 달성하려면 작은 것부터 차근차근

공부를 잘하고 싶다면 일단 책상 앞에 앉아서 공부를 해야 합니다. 다른 일을 하거나 회피한다고 해서 해결될 일은 아닙니다. 그리고 당장 희망 대학 목표를 세우기보다는 아주 작은 단위로 공부 분량을 쪼개어 시작해 보는 것이 좋습니다. 책 한 권을 한번에 다 읽는 것은 힘들어서 중간에 포기하기 쉽지만 하루에 다섯 페이지만 읽다 보면 어느새 책 한 권을 다 읽게 됩니다. 이렇게 작은 목표를 세워 실행하고 성취감을 느끼는 과정을 반복하다 보면, 공부가 습관이 되어 집중하는 시간은 길어지고 학습 효율이 높아질 거예요. 마지막으로 공부할 때만큼은 스마트폰을 눈에 띄지 않게 치워 버리세요. 눈에 거슬리는 알림도 끄고 말이죠. 무엇보다도 스마트폰은 공부의 가장 큰 적이라는 걸 명심하면 좋겠습니다.

공부로 성공하는 것은 다른 분야에서 성공하는 것만큼 어쩌면 그보다 더 힘들지도 몰라요. 하지만 스터디 플래너를 준비해서 오늘 분량의 공부 계획을 세우고, 스마트폰을 멀리 두고 집중하며 노력하다 보면 분명 멋있는 어른으로 자라나 있을 겁니다. 모두 성공하기를 바랍니다.

- 공부를 '어른이 시켜서 하는 것'이라고 생각하면 하기 어려우니 관점을 살짝 바꿔서 생각하기
  ('나중에 하고 싶은 일이 생겼을 때 해낼 수 있는 강력한 두뇌 근육을 만드는 중')
- 작은 목표부터 설정하고, 목표를 해냈을 때는 과격하게 본인을 칭찬해 주기

독립적인 삶을
준비하는 청소년들에게

어릴 때는 전적으로 부모님의 보살핌을 받지만, 사춘기에는 미래의 독립적인 삶을 준비하게 됩니다. 그러나 인간은 사회적인 동물이라서 가족이라는 울타리를 벗어나게 되더라도 자신이 속할 집단을 본능적으로 찾게 되지요. 그래서 편한 친구들 무리에 들어가게 됩니다. 게다가 이 시기에는 또래 친구들과 비슷한 고민을 공유하기 때문에 부모님보다 친구들과 말이 더 잘 통하게 되죠. 그런가 하면 또래 집단에서 우두머리가 되기 위해 서로 경쟁하기도 합니다. 친구들 사이에서 멋진 모습을 보여 주고 싶은 욕구가 아주 많이 커지는 시기라 뽐내는 길 사티지 않습니다. 혹은 소외되기 않으려고 주변 친구들이 좋아하는 것을 따라 하기도 합니다. 사춘기에 모두가 똑같은 옷을 입고 다니며 비슷한 화장을 하는 것에는 이런 '또래 압력'이라는 이유가 숨어 있었답니다. 아울러 소외되는 것이 두려워 가해자로 학교 폭력 사건에 휘말리기도 해요.

사람들은 어릴 때부터 무엇이 바른 행동인지 무엇이 그른 행동인지 잘 알고 있습니다. 하지만 사춘기의 또래 압력은 엄청난 공포감으로 다가와 '옳은 행동'에서 벗어나 잘못된 행동을 저지르기도 합니다. 내 친구가 술을 마시면 나도 해 봐야 할 것 같고, 담배를 피우면 펴야 할 것 같고, 아이돌 그룹 이야기가 나오면 나도 끼어서 아는 척을 해야 할 것 같다고 생각할 수 있죠. 게임도 똑같아요. 많은 시간을 투자하여 레벨을 높게 올린 후 친구들에게 자랑하여 인정받고 싶어 합니다. 그러나 이러한 행동들은 언제나 부작용을 불러옵니다. 이른 나이에 술과 담배를 배우면 뇌는 도파민에 취약해지고, 게임이나 소셜미디어에 중독되면 일상생활이 어려워집니다.

스마트폰을 끼고 살면서 뇌를 도파민에 절여지게 만들면, 생산적인 일이 어렵게 느껴질 수도 있습니다. 여러분의 전전두엽은 변연계와 늘 싸우고 있어요. 전전두엽이 잠깐만 한눈을 팔면 사춘기 청소년은 충동적이고 감정적으로 행동하게 되고, 나중에 후회할 행동을 하게 됩니다. 그런데 사회에서 인정받는 어른으로 자라나기 위해서는 여러분의 전전두엽이 이길 수 있게 스스로 응원해야 합니다. 만일 싸구려 도파민만 얻으려고 하다간 전전두엽의 성장 속도는 점점 느려질 겁니다. 그렇게 되면 매일 밤 이불킥 하는 시간도 길어지겠지요.

술, 담배, 게임, 소셜미디어의 탐닉은 여러분 인생에서 어떠한 도움도 되지 않아요. 사람이 참을 줄도 알아야 합니다. 아무리 또래 압력이 거세게 몰아쳐도 내 인생을 위해서 거부할 때는 단호하게 거부할 줄 알아야 합니다. 만약 혼자서 이겨내기 어렵다면 부모님과 이야기해 보세요. 여러분이 힘들 때 손을 내밀면 언제든 도와줄 수 있는 분들이 바로 여러분의 부모님입니다. 지금은 폭풍 같은 사춘기가 길게 이어질 거 같지만, 조금만 참으면 금방 지나갑니다. 그리고 자제력을 기르기 위해 다양한 책을 읽고 운동을 해 보세요. 더 나아가 미래에 어떤 직업을 가지고 싶은지 상상하며 천천히 준비해 보세요. 어떤 어른이 되고 싶은지 깊은 고민을 혼자서도 해 보고, 친구와도 함께 나눠 보세요. 혹은 미래의 나에게 보내는 편지를 써 봐도 좋겠네요. 사춘기는 그런 것을 하기 위한 시간입니다. 다시 오지 않을 시기를 지나가고 있는 여러분, 조금만 더 힘내세요.

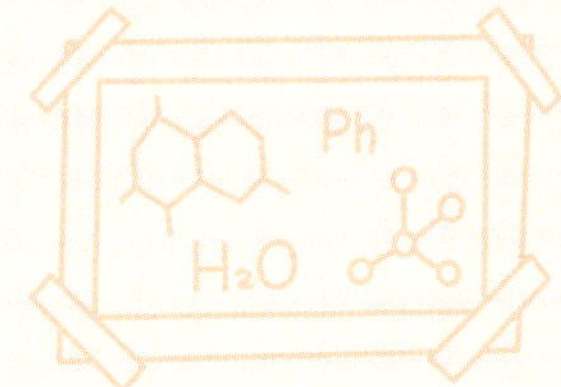

4장

화장대 위의 화학

내 모습을
아름답게 꾸며
주는 분자들의
레시피

1

여드름을 싹싹
지워 버리고 싶어요

여드름의 시작은 피부의 피지샘에서 나온 피지가 모공에 갇히는 것입니다. 이 피지를 혐기성 세균이 먹으면서 염증을 만들면 그것이 바로 여드름이 되지요. 그런데 피지가 모공 속에 갇히지 않게 모공을 열어 주면, 여드름이 더 이상 진행되지 않겠지요? 그러므로 여드름의 치료는 모공을 열어 주는 것부터 시작합니다.

탄소로 이루어진 화합물 중 −COOH 부분을 가져 산성이 되는 물질을 유기산이라고 부르지요? 그리고 −OH는 수산화기라고 부르는데, 이것이 매달린 부분은 물을 아주 좋아합니다. 또한, 화학 구조를 그릴 때 탄소 부분은 C라고 쓰지 않고 생략하는 경우가 많아요. 다시 말해 선이 꺾인 부분에는 탄소 원자가 있다고 생각하면 됩니다. 화합물에 따라서 꺾인 부분에 수소 원자가 매달려 있을 수도, 아닐 수도 있습니다.

AHA, 알파하이드록시산

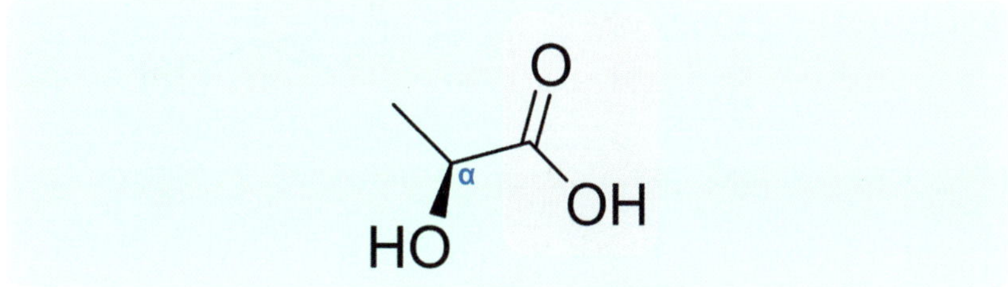

▲ 젖산 분자 구조(Lactic Acid)

▲ 글리콜산 분자 구조(Glycolic Acid)

위 그림을 한번 봅시다. -COOH가 매달린 탄소 원자에 -OH도 같이 매달려 있죠? 이런 경우 알파 탄소에 수산화기가 매달린 유기산이라고 하여 **알파하이드록시산**alpha hydroxy acid이라고 부릅니다. 간단하게 첫 글자만 따서 AHA라고 부르기도 하지요. 젖산과 글리콜산은 대표적인 AHA 화합물입니다.

BHA, 베타하이드록시산

이 그림은 어떤가요? -COOH가 매
달린 탄소의 바로 옆 탄소에 -OH
가 매달려 있지요? 두 번째 탄소, 즉
베타 탄소에 수산화기가 매달린 유
기산이라고 해서 **베타하이드록시산**
beta hydroxy acid이라고 부르고 첫 글

▲ 살리실산 분자 구조(Salicylic Acid)

자만 따서 BHA라고도 합니다. 이 화합물은 살리실산인데, 해열제 아
스피린을 만들 때 사용하는 출발 물질입니다.

LHA, 리포하이드록시산

다음 그림을 한번 보세요. 살리실산의 육각형 고리 부분에 지그재그로
된 탄소 사슬 부분이 연결되어 있지요? 탄소 사슬에 수소 원자들이 매
달린 지그재그 부분은 기름과 아주 친합니다. 기름에 잘 녹는 하이드록
시산이라는 것을 표시하려고 **리포하이드록시산Lipo hydroxy acid**이라고
부르고 첫 글자만 따서 LHA라고 합니다. 'Lipo'는 지방(기름)이라는
뜻이거든요.

▲ 카프릴로일 살리실산 분자 구조(Caplyloyl Salicylic Acid, LHA)

PHA, 폴리하이드록시산

다음 그림에는 -OH가 매우 많지요? 'Poly'라는 단어는 '여러 개의, 많은'이라는 뜻입니다. 여러 개의 -OH가 매달려 있는 유기산이라고 해서 **폴리하이드록시산poly hydroxy acid**으로 부르고, PHA라고 짧게 부르기도 합니다. 지금 보고 있는 화학 구조는 여러 종류의 PHA 중에서도 화장품에 자주 쓰이는 락토비온산의 구조입니다.

▲ 락토비온산 분자 구조(Lactobionic Acid)

상황에 따라 달리 쓰이는
AHA, BHA, LHA, 그리고 PHA

AHA, BHA, LHA, PHA 모두 피부의 각질을 제거하여 모공을 열어 줄수 있어서 여드름 치료에 요긴하게 쓰이지만, 각각 역할이 조금씩 다릅니다.

AHA는 물에 잘 녹고 또 물을 좋아해서 피부의 맨 바깥 부분에서 작용하지요. 피부를 아주 조금씩 벗겨내고 모공을 열어 주는 역할을 합니다. BHA는 기름을 좋아하는 육각 고리 부분이 있어요. 이 부분 덕분에 모공 속 피지까지 침투하여 각질을 제거할 수 있습니다. AHA가 피부 표면을 정돈해 피지가 노출되도록 하면, BHA가 모공 깊숙한 곳까지 작용해 각질과 피지를 함께 제거하는 데 도움을 줄 수 있죠. 한편 PHA는 −OH기가 많아서 피부 표면에 머무는데, 분자가 커서 침투가 느리기 때문에 AHA보다는 좀 더 약하게 작용합니다. LHA 역시 BHA처럼 모공 속 피지에 잘 녹을 수 있지만, 피지 속으로 들어가는 부분이 너무 많아서 정작 각질 제거 효과는 BHA보다 다소 약한 편입니다. 정리하자면 여드름을 빼내려면 BHA를 사용하면 되고, 피부가 거칠고 칙칙할 때는 표면을 정돈해 주는 용도로 AHA, LHA, PHA를 사용하면 됩니다. 하지만 AHA는 피부 자극이 강한 편이라서 매일 사용하기에는 좀 무리가 있어요. 그러니 평소에는 LHA나 PHA를 사용하다가 가끔 AHA를 사용하여 피부를 정돈하는 것이 좋습니다.

BPO, 벤조일퍼옥사이드

만약 여드름이 생겼을 때 여드름 균을 원천적으로 제거한다면 여드름이 심해지는 것을 방지할 수 있겠지요? 이때 여드름 균 전용으로 비교적 안전하게 사용할 수 있는 살균제가 **벤조일퍼옥사이드**

▲ 벤조일퍼옥사이드 분자 구조
(Benzoyl Peroxide)

Bonzoyl Peroxide이며 다음과 같은 구조를 가졌습니다. 잠자리에 들기 전에 2.5% 농도의 BPO 용액을 피부에 바르면 여드름이 주변으로 번지거나 심해지는 것을 막을 수 있을 거예요.

여드름이 생기지 않도록 차단해 주는 물질, 레티노이드

지금까지 피부의 각질을 제거하여 모공을 열어 주는 방법과 여드름으로 인해 칙칙해진 피부를 정돈하는 방법, 그리고 여드름 균을 죽이는 방법에 대해 알아보았는데요. 무엇보다 여드름을 처음부터 예방하는 것이 가장 좋겠지요?

레티노이드retinoid는 비타민 A(레티놀)과 비슷한 구조를 가진 성분들을 통틀어 부르는 화합물입니다. 아래 그림처럼 트레티노인, 아다팔렌, 타자로텐, 트리파로텐 등 다양한 종류의 레티노이드가 시중에 나와 있습니다. 이러한 레티노이드 화합물 구조에는 육각형 고리 부분도 있고 지그재그로 꺾인 선도 있지요? 이 부분들로 인해서 레티노이드는 지방에 잘 녹아들 수 있습니다. 레티노이드를 피부에 바르면 해당 성분이 피부 세포로 침투하여 각질세포의 분화나 피지샘 분비 조절을 돕고 각질이 과도하게 생기지 않도록 막아 줍니다. 여드름이 생기는 원인을 세포 수준에서 원천적으로 차단하는 셈이죠.

▲ 트레티노인 분자 구조(Tretinoin)

▲ 아다팔렌 분자 구조(Adapalene)

▲ 타자로텐 분자 구조(Tazarotene)

▲ 트리파로텐 분자 구조(Trifarotene)

여드름을 치료하기 위해서 여러 가지 화합물이 사용될 수 있다는 걸 이제 알겠죠? 그러나 이런 화합물들은 동시에 사용하지 않는 것이 좋습니다. 때로는 서로의 작용을 방해하거나 피부 자극이 심해져서 트러블이 생길 수도 있거든요. 그러니 여드름이 심할 때는 피부 전문 의사 선생님과 여기에 나온 화합물들을 어떻게 사용할지에 대해 의논하면 좋겠지요? 모쪼록 나에게 맞는 화장품을 찾아 여드름에서 해방되기를 바랍니다.

- 손으로 여드름을 짜면 다른 세균에 감염되거나 흉터가 남을 수 있음
- 규칙적인 생활과 충분한 수면 습관을 유지하면 호르몬이 안정화되어 여드름을 예방할 수 있음

2

피부 보습 과학
-기초편

잡티 없이 깨끗하고 촉촉한 피부는 누구나 가지고 싶어 하죠? 수분이 가득하고 맑은 건강한 피부는 어떻게 만들 수 있는지, 그 비법을 배워봅시다.

무너진 피부 장벽을 살릴 때 필요한 3가지 성분

피부는 우리 몸에서 수분이 쉽게 증발하지 못하게 도와주고, 외부에서 나쁜 물질이 함부로 침투하지 못하도록 막아 주는 아주 중요한 역할을 하죠. 그러므로 죽은 세포로 이루어진 각질층이 피부 맨 바깥에 가지런하고 단단하게 잘 쌓여 있는 것은 우리 피부의 건강에 있어서 참으로 중요합니다.

벽을 튼튼하게 세우려면 무엇이 필요할까요? 일단 반듯한 모양으로 만들어진 벽돌이 많이 필요하겠죠? 그리고 이 벽돌 사이에는 시멘트를 빠짐없이 잘 발라서 틈이 없도록 해야 합니다. 만약 벽에 흠집이나 구멍이 뚫렸다면 그 부분은 따로 보수 공사를 진행해야 하겠죠? 우리의 피부도 마찬가지입니다. 피부에서 벽돌의 역할을 하는 것이 바로 각질세포입니다. 그리고 시멘트처럼 각질세포를 메우고 있는 물질이 세라마이드, 콜레스테롤, 지방산이예요. 잦은 세안과 피지로 인한 여드름 등으로 피부 장벽이 무너지고 있다면 어떻게 해야 할까요? 손실된 '피부 시멘트' 성분을 재빨리 보충해 주면 되겠죠? 세라마이드, 콜레스테롤, 지방산이 3:1:1로 섞인 제품을 피부에 발라 주세요. 그렇게 하면 피부 장벽이 복구되어 건강한 피부로 거듭날 수가 있어요.

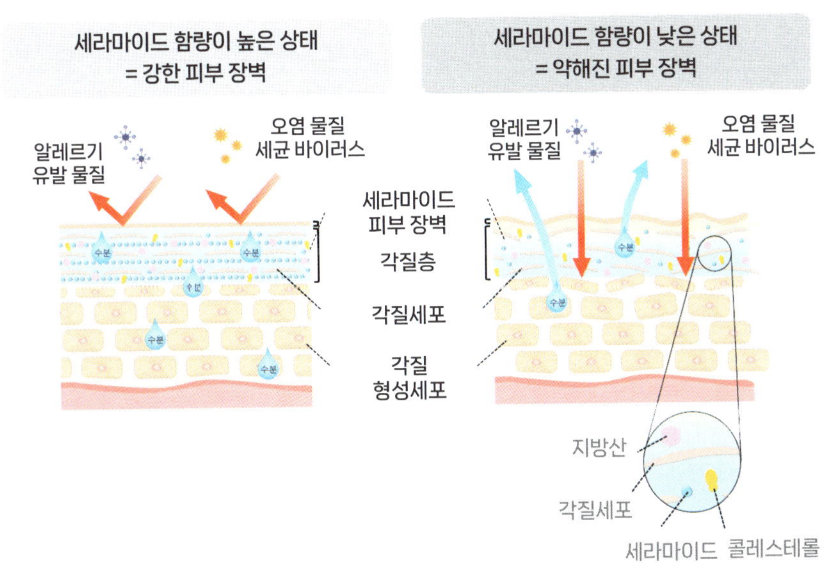

▲ 젊고·건강한 피부와 노화·건조한 피부의 장벽 구조 차이

촉촉한 피부를 만드는 보습제

여러분은 '보습제' 하면 뭐가 제일 먼저 떠오르나요? 아마 '바셀린'을 떠올린 사람들이 많을 거예요. 그런데 바셀린은 보습제의 극히 일부분이랍니다. 지금부터 보습을 위해 필요한 성분들을 하나하나 알아봅시다.

먼저 피부에 수분을 끌고 와야 촉촉한 피부를 만들 수 있겠죠? 수분을 끌고 오는 성분을 습윤제Humectant라고 부릅니다. 잘 알려진 습윤제로는 글리세롤Glycerol, 히알루론산Hyaluronic acid, 요소Urea가 있습니다. 이 물질들을 피부에 바르면 수분이 계속 머무르게 되지요. 한편 각질층이 너무 두꺼우면 피부 표면이 거칠거칠하겠죠? 이때 각질 사이를 메꾸어서 피부를 매끈매끈하게 만드는 물질을 연화제Emollient라고 불러요. 연화제에는 시어버터Shea butter, 스쿠알렌Squalene, 트리글리세라이드Triglyceride 등이 있습니다.

피부가 수분을 머금어 촉촉하게 만들었다면 수분이 날아가지 않게 그 위에 보호막을 깔아 주면 좋겠죠? 바셀린Vaseline, 미네랄 오일Mineral oil, 비즈 왁스Bees Wax 같은 물질은 물을 아주 싫어합니다. 물을 싫어하는 물질을 피부에 깔면 어떻게 되겠어요? 방수막 기능을 하여 피부에서 수분이 날아가지 못하도록 돕겠죠? 한편, 피지가 많이 나와서 번들거리면 피지가 피부 보호막 역할을 한다고 착각하여 보습은 따로 하지 않아도 된다고 생각하기 쉬워요. 피지를 없애려고 자주 세안하는 경우도 있죠. 그런데 얼굴을 너무 자주 씻게 되면 피부 장벽에서 세라마이드, 콜레스테롤, 지방산이 많이 빠져나갑니다. 각질도 많이 생기고요. 그러면 피부는 수분을 빼앗기지 않으려고 피지샘에서 피지를 더 많이 분비하게 됩니다. 각질이 과도하게 생기거나 피지가 너무 많이 나오면 여드름이 생길 가능성이 높아집니다. 그러니 지성 피부라고 하더라도 세안 후 보습을 꼭 해 주어야 피부 트러블을 방지할 수 있습니다. 각질화가 쉽게 되는 건성 피부에 보습이 필요한 것은 두말하면 잔소리고요.

한편 보습제를 고를 때 제품 성분표에서 습윤제와 연화제로 어떤 성분이 있는지 살펴보면 쇼핑이 더 재미있겠지요? 세라마이드가 장벽 복구에 쓰이는 것도, 바셀린이 차단막 역할을 하는 것도 이제 알게 되었네요. 어때요? 피부 건강도 과학이지요?

- 보습제를 발라도 피부가 건조하다는 느낌이 들면 실내 습도를 높이기
- 알칼리성 비누로 세안하면 피지가 과도하게 제거되어 피부 장벽이 무너질 수 있으니 약산성 세안제 사용하기

수분을 끌고 와서 붙잡아 주는 습윤제의 대명사, 글리세롤의 분자 구조를 한번 볼까요? OH가 많이 있지요?

▲ 글리세롤 분자 구조(Glycerol)

또 다른 습윤제, 히알루론산의 분자 구조를 봅시다. 히알루론산도 OH를 많이 가지고 있어요.

▲ 히알루론산 분자 구조(Hyaluronic Acid)

자, 그럼 요소는 어떻게 생겼을까요?

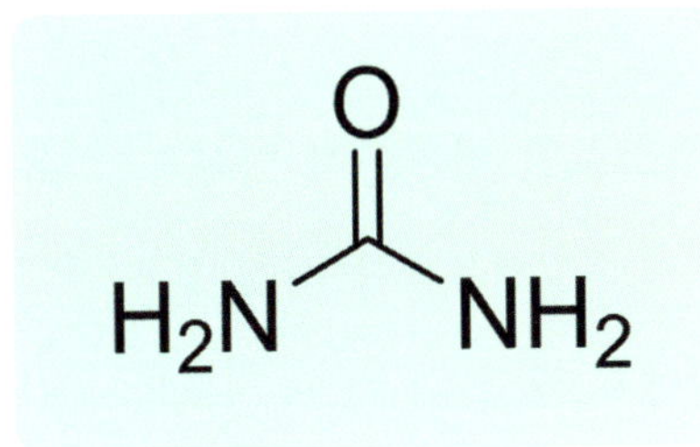

▲ 요소 분자 구조(Urea)

요소 분자 구조에서는 OH는 안 보이고 $-NH_2$(아미노기)가 보이는군요. 어떠한 분자 내에 있는 N, O, F 원자는 다른 분자 내에서 N, O, F와 결합하고 있는 H 원자와 강한 정전기적 인력을 가질 수 있어요. 이런 분자 사이의 인력을 수소 결합이라고 부릅니다. 습윤제로 쓰이는 화합물들의 OH, NH_2 부분에 있는 산소나 질소 원자들은 물 분자의 수소와 강한 인력을 가지기 때문에 물 분자를 강하게 붙잡을 수 있어요. 그러니 습윤제의 원리는 '수소 결합이다'라고 할 수 있겠지요?

한편, **히알루론산**의 분자 구조를 다시 살펴보면 대괄호 속에 화학 구조가 있고 대괄호 바깥에 'n'이 보일 것입니다. n은 대괄호 속 화학 구조가 여러 개로 연결되어 있다는 뜻을 가지고 있어요. 하나의 화학 구조가 여러 개 연결된 화합물을 **고분자**라고 부릅니다. 즉 히알루론산은 우리 몸속에 존재하는 생체 고분자라는 뜻입니다.

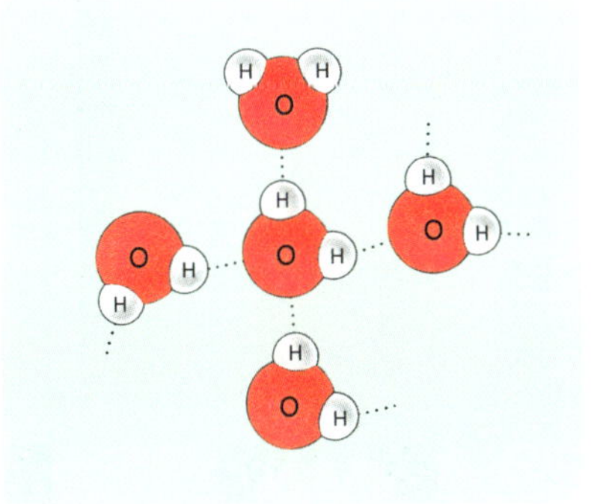

▲ 물 분자 사이의 수소 결합

바셀린이 보습제로 쓰이는 이유

바셀린과 미네랄 오일 모두 탄소와 수소로만 이루어져 있어요. 석유를 증류하면 끓는점의 차이로 휘발유, 등유, 경유로 분리됩니다. 미네랄 오일의 경우 약 260℃~370℃ 이상에서 끓고 C_{10}~C_{50} 정도의 분자 내 탄소 수(탄소 원자 개수)의 범위를 가지고 있습니다. 한편 바셀린은 302℃ 이상에서 끓고, 분자 내 탄소 수가 미네랄 오일보다 좀 더 많은 C_{20} ~C_{100} 범위에 있지요. 상대적으로 짧은 탄소 사슬을 가지는 미네랄 오일은 분자 간 인력이 약하기 때문에 상온에서 액체, 분자 간 인력이 큰 바셀린은 고체로 존재합니다.

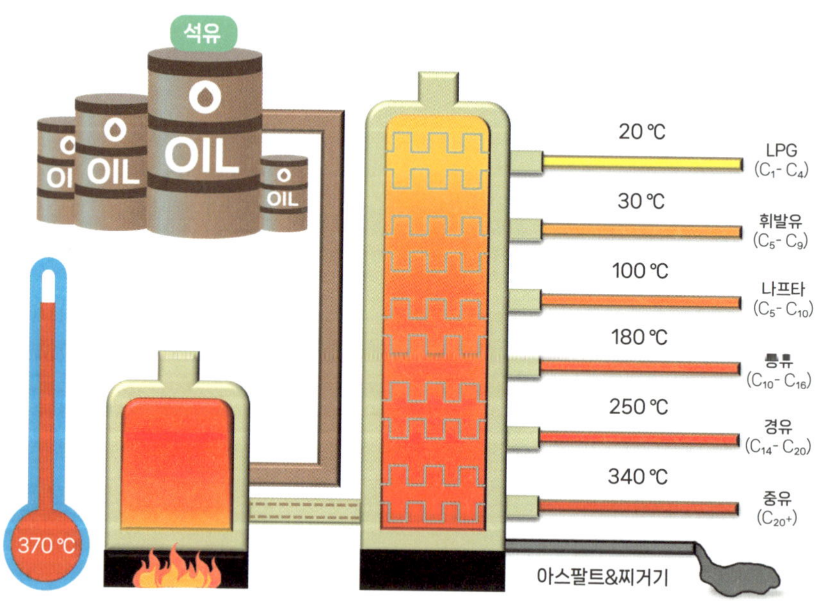

▲ 석유의 증류탑

이 물질들은 오로지 탄소와 수소로 이루어져 있는데 물을 아주 싫어하는 성질, 즉 '소수성'을 가집니다. 물을 싫어하는 바셀린을 피부에 얇게 바르면 피부에서 수분이 빠져나오지 못하게 만들어 피부가 계속 촉촉할 수 있게 도와주지요. 하지만 넓은 부위에 두껍게 바르면 땀 배출에 방해가 되니 소량만 국소적으로 바르는 것이 좋습니다. 여하튼 바셀린이 수분을 차단하는 원리는 '**바셀린의 소수성**'이라고 할 수 있습니다.

피부 장벽은 말 그대로 장벽일 뿐입니다. 우리는 피부 속에 있는 세포의 조직을 잘 보호해야 합니다. 만약 표피의 맨 바깥에 있는 각질층에 틈이 생기면, 이 틈새로 수분도 빠져나가고 외부에서 세균도 쉽게 침투할 수 있으므로 이 부분을 방수가 되는 물질로 채우는 게 좋습니다. 마치 벽돌 사이를 시멘트로 채우듯이 말이지요.

다음 그림을 보면 **세라마이드**Ceramide가 어떻게 생겼는지 알 수 있습니다. 먼저 지그재그 선이 구조 대부분을 차지하는 것을 알 수 있어요. 즉 세라마이드는 소수성이 강하여 물을 통과시키지 않습니다. 이러한 소수성을 지닌 세라마이드와 콜레스테롤, 그리고 지방산을 발라 주면 피부 장벽이 복구되어 외부 자극으로부터 우리 피부 속 조직을 안전하게 지킬 수 있습니다. 아무튼, 피부 장벽을 복구시키는 물질인 세라마이드의 작동 원리는 바로 '소수성'이라는 것을 아시겠지요?

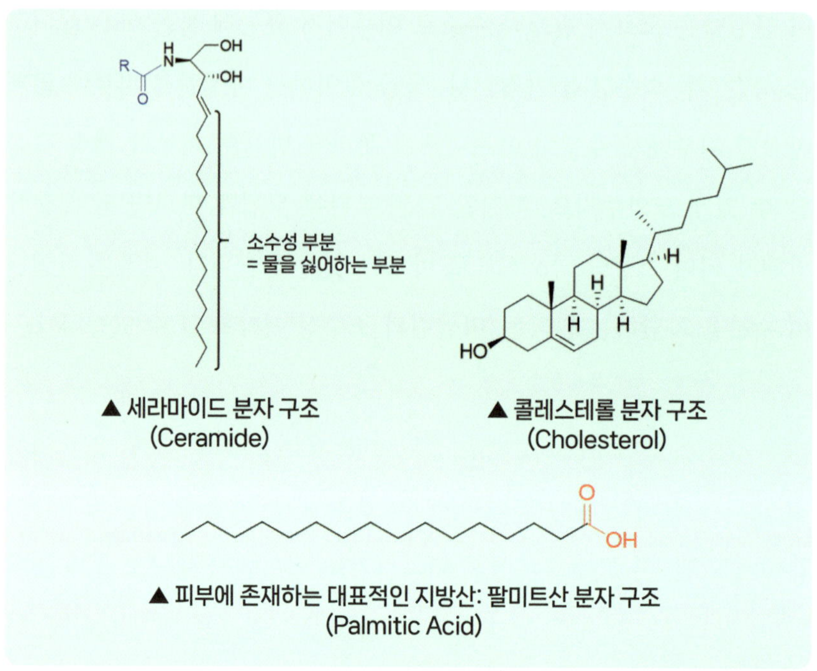

▲ 세라마이드 분자 구조
(Ceramide)

▲ 콜레스테롤 분자 구조
(Cholesterol)

▲ 피부에 존재하는 대표적인 지방산: 팔미트산 분자 구조
(Palmitic Acid)

자, 이제 피부 보습을 총정리해 보아요. 습윤제로 수분을 붙잡고, 소수성 물질로 차단막을 만들고, 장벽 복구를 하여 피부에 수분을 가두면 피부 속까지 보습이 되겠죠? 여러분은 방금 피부 보습을 '완전 정복'했습니다. 이젠 늘 촉촉한 피부를 가질 수 있을 거예요.

- 코안이 건조하다고 해서 바셀린을 코안 쪽까지 바르면 '지질성 폐렴'에 걸릴 위험이 커지니 가습기를 사용하기
- 입술이 건조하다면 따뜻한 수건을 입술 위에 올린 후 각질을 정리하고 바셀린을 발라 관리하기

손톱을 빛나게
만들어 주는 젤 네일

반짝이가 들어 있는 젤 네일을 하고 있으면 저 바다 건너 휴양지에서 편안한 시간을 보내고 있는 기분이 듭니다. 끈적이는 젤을 바르고 나서 자외선램프를 조금만 쬐어 주면 예쁜 손톱이 완성되지요. 그렇다면, 젤 네일의 원리는 과연 무엇일까요?

젤 네일이 굳는 원리

고분자란 작은 화합물들이 여러 개 연결된 큰 화합물을 말합니다. 고분자 속에서 반복되는 작은 분자를 모노머**Monomer** 또는 **단량체**라고 부르지요. 결합을 이루지 못하고 홀로 있는 전자를 지닌 화학종(chemical species)을 **라디칼**Radical이라고 부르는데, 이 라디칼은 아주 불안정하여 다른 화합물의 결합을 끊어낼 수도 있고 결합에 끼어들 수도 있습니다. 만약 **탄소-탄소**의 이중 결합에 라디칼이 끼어들면 이중 결합은 끊어지고 단일 결합만 남게 됩니다. 이때 라디칼이 탄소 하나와 결합을 만들면 홀로 남은 전자는 다른 탄소 위에 올라가게 되면서 좀 더 거대한 라디칼이 만들어지게 됩니다. 좀 더 커진 라디칼은 또 다른 탄소-탄소 이중 결합 사이로 들어가게 되고, 이 과정이 계속 반복되면 여러 개의 단량체가 연결되어 고분자가 됩니다. 이렇게 단량체들이 연결되는 과정을 '중합'이라고 하는데, 고분자가 아주 커지게 되면 더 이상 액체로 머무르지 못하고 고체로 변합니다.

젤 네일의 구성 성분을 보면 몇 가지 종류의 '탄소-탄소' 이중 결합을 가지는 단량체들이 있어요. 그리고 자외선을 받으면 분자가 깨져서 라디칼로 바뀌는 분자도 아주 소량 들어 있습니다. 이를 **개시제**라고 부르지요. 젤 네일 혼합물을 바른 손톱에 자외선램프로 자외선을 쬐어 주면 개시제가 라디칼로 변합니다. 이후 이 개시제에서 생긴 라디칼이 주변에 있는 단량체를 공격하여 단량체들끼리 서로 연결되게 만들죠.

▲ 단량체 공격과 중합 과정

젤 네일을 이루는 단량체의 구조

젤 네일의 단량체로는 주로 **메타크릴레이트**Methacrylate를 사용하는데, 메타크릴레이트에는 여러 종류가 있습니다. 하이드록시에틸 메타크릴레이트(HEMA), 하이드록시프로필 메타크릴레이트(HPMA), 트라이에틸렌글라이콜 다이메타크릴레이트(TEGDMA)등이 있지요. 각각 하는 역할은 달라서 다 설명하고 싶지만, 화학에 대한 관심이 급격히 떨어지면 안 되니 구조만 간단하게 알아볼까요?

▲ 하이드록시에틸 메타크릴레이트 분자 구조
(2-Hydroxyethyl methacrylate) (HEMA)

▲ 하이드록시프로필메타크릴레이트 분자구조
(hydroxypropylmethacrylate) (HPMA)

▲ 트라이에틸렌글라이콜 다이메타크릴레이트 분자 구조
(Triethylene Glycol dimethacrylate) (TEGDMA)

HEMA나 HPMA에는 -OH가 붙어 있죠? HPMA에는 수소 원자 대신 -CH$_3$가 매달려 있네요. 한편 TEGDMA는 일종의 연결 고리 기능을 하여 HEMA나 HPMA가 만들어 내는 고분자들을 가운데에서 단단하게 붙잡아 주는 역할을 합니다. 하지만 TEGDMA가 많이 들어간 젤 네일은 딱딱하고 수축이 심해서 손톱을 들뜨게 만들 수도 있어요. 이러한 단량체 이외에도 젤 네일을 만드는 다양한 단량체들이 개발되어 있답니다.

젤 네일 시술 전 알아야 할 주의 사항

젤 네일과 관련된 몇 가지 주의 사항이 있어요. 우선 단량체는 피부에 닿으면 접촉성 피부염을 야기할 수 있으니, 단량체가 조금도 남아 있지 않도록 고분자 경화를 확실히 해야 합니다. 또한, 권장 자외선 파장을 사용하고 경화 시간을 잘 지켜야 하지요. 만약 젤 약품이 피부나 큐티클에 묻으면 바로 제거해야 합니다. 약품에 자주 노출되면 알레르기 증상을 보일 수도 있으니까요. 참고로 TEGDMA를 너무 많이 쓰면 안 된다고 앞에서 이야기했지요? TEGDMA는 젤을 과도하게 수축시켜 손톱이 들뜨고 심지어는 위에서 쥐어뜯는 느낌이 들 수 있거든요. 또한, 젤 네일을 한 상태에서는 손톱이 예뻐 보이지만, 젤 네일을 완전히 제거하기 위해서는 손톱 표면을 갈아야 합니다. 안 그래도 얇은 손톱 등판을 갈아 내면 손톱의 윤기도 없어지고 더 얇아지겠죠? 그래서 젤 네일 시술을 한 번만 받아도 잘 부서지는 손톱이 되어 생활이 불편해져 계속 시술을 받게 됩니다. 그러니 젤네일은 아주 가끔만 하고 평소에는 건강한 내 손톱을 예뻐하고 그대로 유지하는 것이 현명하겠지요?

아, 참! 젤 네일 시술을 받을 때는 큐티클을 과도하게 제거하지 말라고 이야기해야 합니다. 혹여나 큐티클이 손상되면, 세균이 손톱 뿌리 부분에 들어와서 염증을 일으키고 심하면 손톱이 빠지니까 말이에요. 예쁘게 보이는 것보다 건강이 더 중요하다는 것 잊지 말자고요.

- 손톱이 길어지면 손톱 밑 세균 번식이 활발해지므로 가급적 짧은 상태를 유지하기
- 손을 씻을 때는 손바닥부터 손등, 손가락 사이, 손톱 밑, 엄지와 검지 사이, 손목까지 꼼꼼하게 비누칠하기

5

색조 화장품에는
뭐가 들어가나요?

아름다움을 추구하는 것은 지구상에 존재하는 수많은 생명체가 가지고 있는 본능입니다. 심지어 새 중에서는 다른 종의 깃털을 자신의 몸에 꽂아서 좀 더 멋있게 보이려고 하는 새도 있어요. 내 단점은 최대한 가리고 장점은 더 돋보이게 치장하고 싶은 것은 사람도 마찬가지입니다. 그렇다면, 내 모습을 꾸며 주는 화장품에는 어떤 것이 있고, 그 성분은 무엇인지 살펴볼까요?

피부 톤을 보정해 주는 마법의 도구

여드름 자국 때문에 울긋불긋한 피부, 잠을 제대로 못 자서 생긴 눈 밑

다크서클, 야외 활동을 많이 해서 생긴 기미와 주근깨, 숱이 없어서 빈약한 눈썹, 핏기가 없어 허연 입술은 많은 사람의 고민거리입니다.

피부의 색, 흉터 자국, 기미, 주근깨, 다크서클 등을 가리기 위해서 사용하는 대표 화장품인 파운데이션의 주성분은 **무기물**입니다. 이 무기물에는 번들거림을 완화해 주는 **탈크**($Mg_3Si_4O_{10}(OH)_2$), 광택을 내는 **운모**($KAl_2(AlSi_3)O_{10}(OH)_2$), 피지를 빨아들이는 **이산화규소**($SiO_2$) 같은 것들이 있습니다. 이러한 무기물 가루를 맨피부에 바르면, 피부에서 쉽게 떨어져 나오기 때문에 이들을 서로 붙잡아 주고 피부에 달라붙을 수 있도록 도와주는 물질이 필요합니다. 그래서 유화제가 첨가되지요. 그런데 사람마다 피부색이 다르고 각각 원하는 피부 밝기도 다르죠? 이 색을 보정해 주는 것이 바로 '산화철'입니다. 화장품 연구소에서는 산화철의 종류와 양을 조절하여 파운데이션의 색을 만들어요.

화장품 제조에 사용되는 왁스와 색소

듬성듬성한 눈썹의 빈 부분을 채우려면 아이브로우 펜슬을 사용하면 됩니다. 알고 보면 펜슬의 심 또한 파운데이션의 성분과 거의 비슷해요. 철 산화물로 색을 맞추고, 탈크와 운모의 가루로 부피감을 주고, 왁스가 이들을 붙잡고 있는 형태지요. 실은 왁스는 색조 화장품에 참 많이 사용됩니다. 왁스란 실온에선 단단하지만, 온도가 좀 올라가면 바로 녹고 물을 싫어하는 성질을 가지고 있는 기름 덩어리입니다. 또한, 식물의 잎에서 코팅층을 이루며, 벌집의 주성분이기도 하지요. 실제로 식물이나 벌집에서 얻은 왁스(밀랍)를 화장품에 사용하면 피부 트러블은 줄어들고 원하는 효과를 쉽게 얻을 수 있어요.

왁스는 립밤의 주성분이기도 합니다. 왁스가 물을 싫어하는 소수성을 가지고 있으므로 수분이 날아가지 않게 보호막을 만들어 한겨울에 입술이 트는 것을 막아 주지요. 이러한 왁스에 합성 색소 또는 천연 색소를 섞으면 립스틱을 만들 수 있답니다. 참고로 립스틱에 쓰이는 빨간 색소 중 하나는, 선인장을 먹고 사는 **콘치닐**이라는 벌레에서 주로 얻습니다.

아이섀도나 아이라이너 또한 위에서 이야기한 화장품 제조법과 크게 다르지 않아요. 아이섀도의 경우 무기물 기반의 색소가 주로 쓰이고 아이라이너의 경우 유기 화합물 기반의 색소가 주로 쓰입니다. 아이라이너는 눈가 피부에 강하게 접착해야 하므로 왁스뿐만 아니라 접착력이 강한 고분자를 섞어 넣기도 하지요.

색조 화장품의 성분과 클렌징의 중요성

이제, 다시 화장품에 대해 정리해 볼까요? 색조 화장품의 색소는 철 산화물과 다양한 유기 화합물 색소로 이루어져 있습니다. 유기 색소는 합성을 통해 얻을 수도 있고 자연에서 얻을 수도 있죠. 그리고 피부의 흠을 가리고 요철을 메꾸기 위해서는 탈크, 운모, 석영 등을 빻아 미세한 가루를 만들고 이를 유기물 기반의 유화제와 섞어 사용해요. 도자기 같은 매끈한 피부를 만들기 위해 말 그대로 도자기 가루를 얼굴에 바르는 셈이지요.

색조 화장품은 강력한 밀착력을 위해 왁스와 다양한 종류의 합성 고분자를 섞어서 만듭니다. 그렇기에 물에 잘 씻겨나가지 않고, 잘 지워지지도 않지요. 그런데 이런 물질들은 우리 몸이 필요로 하는 것들이 아니에요. 그러니 색조 화장품을 사용했다면 색소가 피부에 남지 않게 반드시 잘 제거해야겠지요? 그리고 모공이 막히면 여드름이 악화될 수 있으니, 피부에 화장 성분이 남지 않게 완전히 세서하는 것이 피부 건강에 아주 중요하답니다.

- 클렌징 제품을 사용할 때는 마사지하듯 얼굴 전체에 펴 바르고 미온수로 잔여물을 씻어 내기
- 포인트가 되는 색조 메이크업을 먼저 지운 후 피부 표면을 클렌징하기

6

아무것도 바르지 않은 피부에는 먼지와 피지가 있고, 메이크업을 한 얼굴에는 다양한 화장품 성분과 피지가 복합적으로 존재하고 있습니다. 당연하게도 민얼굴 세안은 간단하지만, 메이크업을 한 얼굴의 세안은 좀 더 복잡합니다.

내 피부의 산성도를 지키는 세안법

우리 피부가 어떻게 생겼는지 복습해 봅시다. 케라틴이 잔뜩 들어 있는 각질세포들이 마치 벽돌처럼 쌓여서 각질층을 만들어 표피층을 보호하고 그 아래에는 진피층이 있다는 것을 기억하지요? 그리고 각질세포 표면에는 피지샘에서 흘러나온 피지가 아주 얇게 깔려 방수층을 만드는데, 이 피지층은 피부 수분이 날아가지 않게 해 주고 외부로부터 유해 물질이 들어오는 것을 막는 중요한 역할을 합니다. 게다가 피지층 위에는 표피포도상구균이 살면서 유기산을 내놓지요. 이 유기산 덕분에 피부는 약산성으로 유지될 수 있고 피부 유해균은 잘 살지 못하게 되는 것입니다. 그러므로 세안할 때 피부를 보호해 주는 피지층을 완전히 제거해서는 안 됩니다. 또한, 피부 유익균이 떨어져 나가게 하는 것도 어리석은 행동이지요. 제일 좋은 세안법은 피부의 유익균들과 피지층을 약간 남기고 세안하는 것입니다. 또한, 메이크업 성분이나 먼지 같은 오염물은 반드시 제거해야 하고, 평소보다 피지가 너무 많이 나온 날에는 신경을 써서 세안하는 것이 여드름 예방에 좋습니다.

계면활성제를 사용하여 피지 제거하기

피부에서 피지를 없애는 데는 두 가지 방법이 있습니다. 첫 번째는 계면활성제를 이용해서 피지를 마이셀에 가두어 제거하는 방법이고, 두 번째는 피부의 유기산을 염기성 물질과 반응시켜 비누의 구조로 바꾸어 제거하는 방법입니다.

실제로 빨래할 때는 두 번째 방법을 사용합니다. 피부에 있는 유기산은 RCOOH로 표기할 수 있는데 이 유기산은 염기성 조건에서 RCOONa와 같은, 물에 잘 녹는 비누 성분으로 바뀝니다. 그래서 **탄산나트륨**('탄산소다' 또는 '워싱 소다'라고도 불러요)이 들어간 세제를 사용하여 빨래하면 옷에 묻은 피지 성분 중 유기산은 모두 비누의 구조로 변하고 물에 잘 씻겨 나갑니다. 그런데 이 방법을 우리 피부에 적용하면 어떻게 될까요? 피부에 있는 유기산이 완전히 제거되겠지요? 문제는 그렇게 되면 피부 장벽으로 남아 있던 피지의 막도 다 사라지고 피부 유익균도 떨어져 나가 버린다는 것입니다. 수분이 너무 쉽게 빠져나갈 수 있게 되어 피부가 쉽게 각질화되고, 유해균에 의한 피부 트러블이 생길 가능성이 더 높아져요. 그뿐만이 아녜요. 만약 피부에 피지가 너무 없으면 피지샘에서는 피부를 보호해 줄 피지가 부족하다고 인식하여 아주 열심히 피지를 분비하게 됩니다. 결국, 피부 속은 건조하고 피부의 겉은 기름이 져서 번들거리는 현상이 일어납니다.

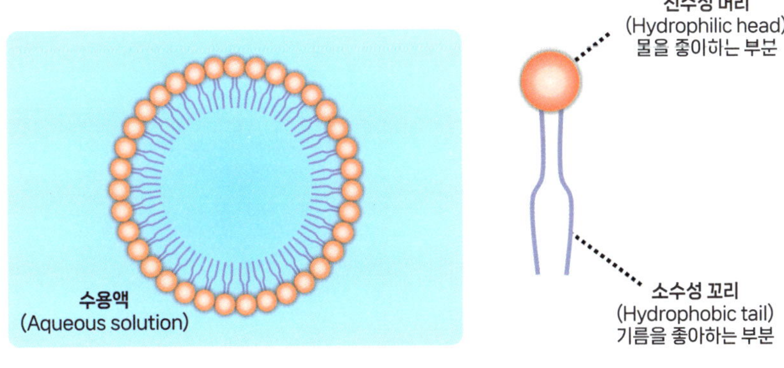

▲ 마이셀 분자 구조

피부를 건강하게 관리하려면 피부의 유기산을 비누 성분으로 바꾸는 것보다 계면활성제를 이용하여 세안하는 것이 더 좋은 세안법이라고 할 수 있어요. **계면활성제**란 기름 성분을 좋아하는 꼬리 부분과 물을 좋아하는 머리 부분이 있는 올챙이처럼 생긴 분자인데 여러 가지 종류가 있습니다. 이 계면활성제 분자들이 기름을 만나면 기름을 좋아하는 꼬리들이 기름을 둘러싸고, 물을 좋아하는 머리는 바깥을 향하는 공과 같은 구조를 만드는데 이것을 **마이셀Micelle**이라고 부릅니다. 즉 계면활성제가 들어 있는 세안 제품을 얼굴에 문지르면 피지가 마이셀에 갇히게 되고, 이 마이셀들이 물에 분산되어 나가면서 피부에서 떨어지면 얼굴을 깨끗하게 만들 수 있는 거지요.

그런데 계면활성제를 사용한다고 해도, 성분이 염기성이면 안 되잖아요? 비누도 엄연히 계면활성제이지만 약한 염기성을 가집니다. 그래서 세안용 비누는 산성 물질을 약간 첨가하여 약산성으로 만들어요. 우리 피부의 산성도와 비슷한 약산성 클렌징 폼도 시중에 많이 나와 있으니 잘 찾아서 쓰는 것이 좋겠습니다. 이제 계면활성제를 이용하여 세안을 해야 한다는 것과 약산성 제품을 사용하는 것이 피부 건강에 도움이 된다는 것을 알았으니 얼굴의 메이크업을 어떻게 지우면 되는지 알아봅시다.

얼굴을 깨끗하게 만드는 다양한 세안제

민얼굴은 그냥 약산성 제품으로 세안하고 바로 보습제를 발라 주면 됩니다. 아주 쉬워요. 그러나 메이크업을 했다면 얼굴 부위마다 사용한 화장품이 달라서, 부위마다 적합한 클렌징 제품을 사용해야 합니다. 클렌징 제품은 참 다양한데 기름 성분으로만 이루어진 '클렌징 오일', '클렌징 밤'이 있고, 물과 기름이 동시에 존재하는 '바이페이즈biphase' 제품과 아주 작은 물방울들이 기름층에 박혀 있는 '로션형 클렌저', 계면활성제가 물에 녹아 있는 '클렌징 워터', 계면활성제가 소량의 물에 녹아 있는 '클렌징 폼' 등이 있어요.

클렌징 오일이나 클렌징 밤은 기름 성분을 부드럽게 녹여 낼 수 있는 제품입니다. 여기서 클렌징 밤은 클렌징 오일과 크게 다르지 않습니다. 단지 온도가 올라가면 녹는 왁스 성분을 사용했다는 점만 다르지요. 또한, 바이페이즈나 로션형 클렌저는 그 속에 있는 오일이 화장품의 기름 성분을 녹여 내면서 물에 분산되게 만든 제품입니다. 기름으로 화장 성분을 녹이고 물로 씻어 내는 과정을 좀 더 쉽게 해 주지요.

한편 클렌징 워터는 계면활성제가 기름을 둘러싸면서 마이셀을 만들면, 물속에 마이셀이 분산되게 하는 제품입니다. 클렌징 폼으로 세안을 하면 그 속에 있는 계면활성제 부분이 기름으로 침투하여 기름층을 쪼

갭니다. 이것을 씻으면 마이셀들이 만들어지면서 얼굴에서 기름이 제거되지요. 이제 실전으로 들어가 볼까요?

피부에 자극을 줄이는 세안 습관

마스카라나 틴트를 사용했다면 세안을 할 때 해당 부위는 최대한 살살 지워야 합니다. 만일 색소가 피부 속을 깊숙이 침투하면 얼굴을 칙칙하게 만들 수도 있거든요. 그러니 먼저 바이페이즈 클렌징 제품을 솜에 묻혀 해당 부위에 살살 문지릅니다. 어느 정도 메이크업이 떨어져 나오면 클렌징 오일이나 밤을 바르고 좀 기다렸다가 닦아 내면 됩니다. 이후에 클렌징 폼을 사용하여 씻어 내면 깔끔하게 세안할 수 있어요. 파운데이션을 제거할 때도 같은 방법을 사용하면 됩니다. 그런데 사춘기 학생들이 아주 진한 화장을 하지는 않죠? 대부분은 약산성 클렌징 폼을 쓰면 해결됩니다. 만약 입술이나 눈가에 색조 화장품을 썼다면 마찬가지로 바이페이즈 제품으로 닦아낸 다음에 약산성 클렌징 폼을 쓰면 돼요. 자외선 차단제를 가볍게 바른 정도라면 클렌징 폼 하나만으로도 충분한 경우가 많으니, 뷰티 관련 영상에 빠져 이것저것 너무 많이 구매하지 않도록 주의하세요.

세안할 때 가장 많이 하는 실수로는 클렌징 워터 같은 제품을 일반 화장품과 동일하게 생각하여 따로 헹구지 않는 것입니다. 얼굴에 계면활성제가 남으면 가려움이나 여드름을 유발할 수 있으니 클렌징 워터를 사용한 후에는 반드시 클렌징 폼으로 세안하세요. 그리고 너무 과하게 자주 세안하면 안 됩니다. 우리 피부를 지켜주는 소중한 피부 장벽이 무너질 수 있으니까요. 특히 세안 후 물기를 닦을 때는 얼굴을 벅벅 문지르지 말고 가볍게 톡톡 물기만 제거해 주세요. 피부에는 자극을 최소화하는 것이 가장 좋아요.

화장품 성분과 클렌징에 대해 완벽히 알게 되었으니, 이제부터는 도자기 피부를 잘 유지할 수 있겠죠?

- 세안할 때 뜨거운 물을 사용하면 피부 보호막까지 씻겨 나갈 수 있으므로 미온수로 세안하기
- 세안 후 피부가 당기는 느낌이 들거나 트러블이 생겼다면 나에게 맞는 제품으로 바꾸기

7

맑고 환한 피부색을
가지고 싶어요

빛의 에너지는 E=hf(h는 플랑크 상수, f는 빛의 진동수)라는 법칙에 따라 진동수가 커지면 커질수록 에너지도 같이 증가합니다. 그리고 빛의 파장과 진동수는 역의 관계에 있으므로 빛의 파장이 짧을수록 에너지도 커집니다. 가시광선보다 파장이 짧은 UV와 X-ray가 가시광선보다 훨씬 더 큰 에너지를 가지는 이유입니다.

자외선에는 다양한 파장이 존재하는데, 파장에 따라 UVA, UVB, UVC로 나뉩니다. 이 중 UVC는 파장이 너무 짧아서 대기권에서 흡수되므로 우리 몸에는 들어오지 못합니다. 중간 파장을 지녀서 피부의 표피층까지만 침투하는 UV를 UVB라 부르고, 파장이 길어서 진피층까지 침투하는 UV를 UVA라고 불러요.

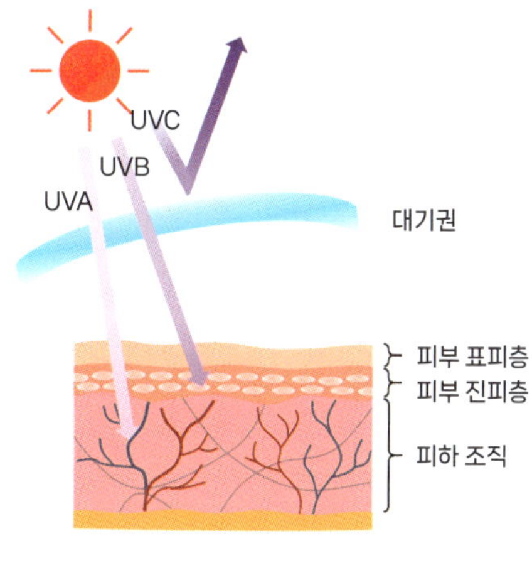

▲ 자외선(UV)의 파장과 종류

UVB와 UVA가 피부에 도달하면 생기는 현상

멜라닌세포는 주로 피부의 표피 기저층에 있는데, 멜라닌을 생성하여 다른 피부 세포로 전달하는 역할을 합니다. 이와 관련해 멜라닌이 생성되는 과정을 살펴보면, **타이로신**이라는 분사가 DOPA 퀴논 분자로 바뀌고 이 분자들이 산화를 거쳐 멜라닌이 생기지요. 이후 멜라닌세포는 멜라닌을 가지고 있는 **멜라노좀**(멜라노사이트의 구성 물질 중 하나)을 주변에 있는 **각질형성세포**로 보내는데, 이 각질형성세포들은 점차 각질세포로 변해서 표피층의 맨 바깥으로 이동하죠. 이제 멜라닌에 대해 알게 되었으니, UVB와 UVA가 멜라닌에 어떤 영향을 끼치는지 알아볼까요?

파장이 긴 UVA는 표피뿐만 아니라 진피층까지 침투할 수 있는데, 표피의 멜라닌세포 속에 들어 있는 유멜라닌을 즉시 산화시켜서 더 검어지게 만들어요. 우리가 햇볕 아래에서 자외선 차단제를 바르지 않고 장시간 놀다 보면 온몸이 시커멓게 되는 원인이 바로 이 UVA입니다. 이 UVA는 진피층 세포들의 DNA에 손상을 입혀 세포 노화를 촉진할 수도 있어요. 반면 파장이 더 짧은 UVB는 표피층까지만 침투하지만, UVA보다 에너지가 더 커서 표피층 세포의 DNA에 손상을 입혀 암의 발생 확률을 높입니다. 게다가 멜라닌세포에서 멜라닌이 새로 생기게 하지요. UVA처럼 즉각적으로 피부가 검어지게 하는 것은 아니지만 몇 주 후에 피부가 검어지게 만드는 주범입니다. 멜라닌 색소가 들어 있는 각질층이 다 없어지려면 피부에서 새로운 각질층이 밀려 올라오길 기다려야 합니다. 그런데 이 과정에서 시간이 좀 걸리지요. 그래서 한번 피부가 자외선에 의해서 검게 타면, 한동안은 검은 채로 유지됩니다.

자외선 차단제는 선택이 아닌 필수

내 피부 본연의 색을 유지하기 위해서는 피부가 자외선에 지나치게 노출되지 않도록 관리하는 것이 중요합니다. UVA든 UVB든 피부에 닿으면 멜라닌세포는 멜라닌을 만들어 내니까 말입니다. 따라서 야외 활동을 할 때는 자외선으로부터 우리 피부를 보호하는 제품을 발라야 하는데, 그 제품이 바로 **자외선 차단제**입니다. 참고로 자외선 차단제에는 **옥시벤존**과 같은 유기 화합물이 쓰이기도 하고 **산화아연**이나 **산화타이타늄** 같은 무기 화합물이 쓰이기도 합니다. 유기 화합물로 이루어진 자외선 차단제의 경우 작동 원리는 단순합니다. 유기 화합물이 자외선을 흡수하여 소량의 열로 바꾸어 버립니다. 무기 화합물의 경우는 유기 화합물과 마찬가지로 자외선을 흡수하여 소량의 열로 바꾸어 버리거나 아예 빛을 반사해 버리는 방식으로 자외선을 막습니다.

한편, 멜라닌 생성이 원천적으로 차단되면 더 좋겠지요? 이때는 타이로신 화합물이 퀴논으로 변하지 않게 관리하면 됩니다. 하이드로퀴논이라는 화합물은 타이로신과 경쟁하여 멜라닌이 생성되는 과정을 완전히 틀어막지요. 그래서 기미나 주근깨가 생긴 부위에 하이드로퀴논 함유 제품을 바르면 그곳에서는 더 이상 멜라닌이 생기지 못하기 때문에 피부의 톤이 서서히 밝아집니다. 하지만 이 화합물은 자극성이 강하기 때문에 반드시 짧은 기간에 국소적으로 사용해야 합니다.

만약 표피세포의 긱질화 과정이 촉신뇐다면, 검게 변한 각질세포를 좀 더 빨리 표피에서 떨어져 나가게 할 수 있겠지요? 그러면 짧은 시간 안에 피부 톤이 밝아질 겁니다. AHA, LHA, PHA와 같은 물질을 사용하면 표피의 각질을 벗겨낼 수 있습니다. 이때 피부 재생을 도와주는 레티노이드 성분이 들어간 제품을 번갈아 사용해 보세요. 피부 톤이 놀랄 만큼 빠르게 원래대로 회복될 것입니다.

덧붙여 **비타민** C는 강력한 환원 작용을 합니다. 비타민 C를 함께 사용한다면 산화하여 검게 변한 멜라닌을 다시 환원시켜 색이 옅어진 멜라닌으로 바꾸어 줄 수 있어요. 한편 멜라노좀이 각질형성세포로 이동하는 것을 방해하는 약물을 사용하면 피부가 검어지는 것을 완화할 수 있을 겁니다. 그러기 위해서는 **나이아신아마이드**niacinamide가 함유된 화장품을 바르면 됩니다. 즉 비타민 C나 나이아신아마이드가 함유된 세럼을 잘 발라 준다면 검게 탄 피부의 톤이 훨씬 밝아질 겁니다.

▲ 비타민 C 분자 구조

- 자외선 차단제를 선택할 때는 '무기자차(무기질 자외선 차단제)' 성분을 확인하기 (무기자차: 자외선을 물리적으로 반사하는 무기질 성분)
- 나이아신아마이드는 피부의 세라마이드 합성을 도와 피부 장벽을 튼튼하게 강화하며, 외부 자극에 대한 피부의 저항력을 높이는 효능이 있음

8

머리카락만큼 자신의 개성을 잘 드러낼 수 있는 신체 부위는 없습니다. 머리카락의 길이를 조절하는 것 이외에도 다양한 색깔과 형태를 만들 수 있으니까요. 자, 이제 자신이 원하는 스타일로 머리카락을 꾸며 봅시다. 그 이전에 머리카락은 어떤 물질로 이루어졌는지 복습해 볼까요? 먼저 머리카락의 한가운데 기둥 부위는 **모피질**Cortex이라고 부릅니다. 이 모피질 부분은 게라틴이라는 사슬 형태의 단백질이 나발을 이룬 채로 모여 있고, 유멜라닌과 페오멜라닌이 점점이 박혀 있지요. 그리고 머리카락의 맨 바깥에는 케라틴이 가득 차 있는 죽은 각질세포들로 이루어진 큐티클층이 있어요. 이 큐티클층은 마치 생선의 비늘처럼 머리카락을 덮어 보호하고 있습니다.

탈색과 염색에 쓰이는 과산화수소

진한 갈색 머리카락을 옅은 색으로 바꾸려면 반드시 탈색을 먼저 해야 합니다. 만약 머리카락에 색을 입혀 주는 멜라닌을 모두 파괴하고 나면 머리카락은 아무 색도 남지 않겠지요? 머리카락을 탈색할 때는 **과산화수소**라는 화합물을 씁니다. 과산화수소에 들어 있던 산소 원자 하나가 멜라닌의 '탄소-탄소' 이중 결합 사이에 끼어들면 멜라닌의 색을 사라지게 만들어요. 그런데 머리카락은 큐티클층이 잘 보호하고 있어서 과산화수소만으로는 탈색이 잘 이루어지지 않아요. 이때 **암모니아**(NH_3) 같은 **염기성 물질**을 사용하면 머리카락의 큐티클층이 열리고 모피질 안까지 과산화수소가 침투해서 멜라닌에 작용할 수 있지요. 하지만 암모니아나 과산화수소는 두피에 자극을 주기 때문에 탈색 과정은 어쩔 수 없이 약간의 부작용이 생깁니다.

탈색으로 머리카락의 색을 뺀 후에는 염색약을 사용해서 색을 다시 입혀야겠지요? 그러기 위해서는 **파라페닐렌다이아민**para-phenylenediamine(PPD)과 같은 화합물을 사용하면 됩니다. 신기하게도 파라페닐렌다이아민은 과산화수소와 같은 산화제를 만나면 색을 가지는 새로운 화합물로 변합니다. 파라페닐렌다이아민과 다른 염료를 섞어 쓰면 갈색 이외에도 다양한 색을 만들 수 있답니다. 그러므로 과산화수소는 두 가지 일을 동시에 하는 셈입니다. 머리카락의 유멜라닌과 페오멜라닌을 파괴하여 탈색을 시키기도 하고 염료들을 서로 연결하여 색을 나타내도록 만들기도 하는 것이죠.

머리카락을 구성하는 케라틴 단백질 사슬에는 **시스테인cysteine**이라는 아미노산들이 들어 있는데, 이 아미노산에는 '-SH' 부분이 있어요. 서로 다른 시스테인들의 -SH가 서로 반응하면 시스테인 아미노산들을 서로 이어주는 '-S-S-' 결합이 만들어집니다. 이 -S-S- 결합은 펌을 할 때 가장 중요한 결합이랍니다.

펌을 하려면 먼저 롤러로 머리카락을 만 상태에서 -S-S- 결합을 끊어서 두 개의 -SH로 만듭니다. 그러고 나서 다시 새로운 -S-S- 결합을 만들면 머리카락은 롤러로 말아 놓은 형태로 유지되겠지요?

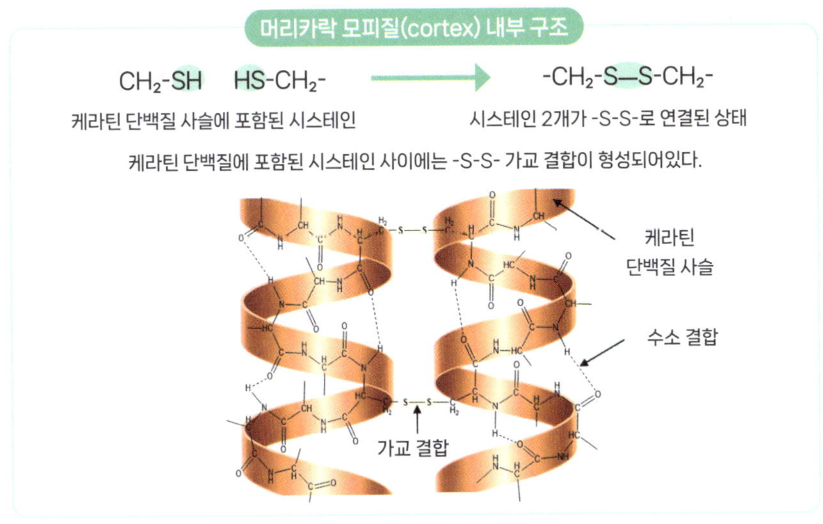

▲ 머리카락 속 단백질 구조

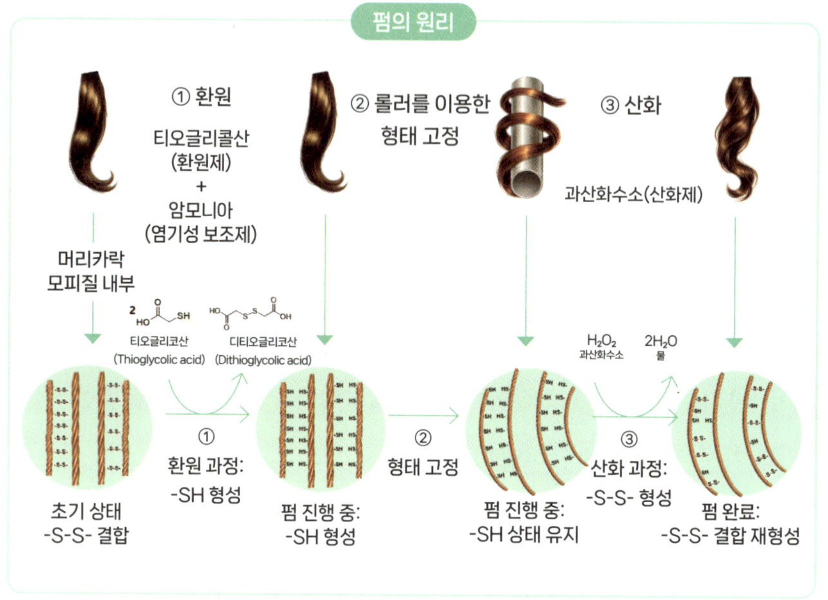

▲ 케라틴 내 '-S-S' 결합의 환원과 산화 과정

어떤 원자에 수소를 붙이는 과정을 **환원**이라 하고 수소를 떼는 것을 **산화**라고 합니다. 맨 처음 -S-S-가 두 개의 -SH로 변하는 과정은 환원 과정입니다. 그리고 두 개의 -SH가 다시 -S-S-로 변하는 과정은 산화 과정입니다. 과산화수소는 산화제라서 다른 원자를 산화시킬 수 있다는 것을 알지요? 그래서 펌 맨 마지막 단계에서 두 개의 -SH를 -S-S-로 만들기 위해 과산화수소를 사용하는 것입니다. 참고로 과산화수소를 머리에 바르는 단계를 미용실에서는 '중화한다'라고 많이들 말하는데 이것은 사실 잘못된 표현입니다. 엄밀하게는 '산화한다'라고 말해야 합니다.

머리 모양을 바꾸는 여러 가지 방법

펌은 머리카락의 형태를 반영구적으로 바꾸는 것이라서 한번 펌을 하고 나면 그 상태로 오래 유지되지요. 그래서 어떤 사람들은 펌 대신 고데기로 머리 형태를 바꾸기도 합니다. 머리카락을 이루는 케라틴 사슬들 사이에는 수소 결합이 존재하는데, 고데기로 머리카락에 열을 가해 주면 이 수소 결합이 끊어졌다가 온도가 내려가면서 새로운 수소 결합이 생기죠. 그러나 고데기로 만든 머리 형태는 습기를 만나면 금방 풀어질 수 있어요. 그 이유는 머리카락의 케라틴 사슬과 물 분자 사이에 수소 결합이 생기면서 원래의 형태로 돌아가 버릴 수 있어서 그렇습니다. 그래서 습한 날 고데기로 한 머리가 잘 풀리게 되지요.

짧은 머리의 경우 형태를 잡아 주기 위해 왁스를 사용하죠? 왁스는 고온일 때 고체에서 액체로 변하는 성질을 가지고 있어서 왁스를 손에 얹고 비비면, 금세 피부 온도에 녹아 액체로 변합니다. 이 상태에서 머리카락에 잘 발라 머리 모양을 잡아 주면 멋있는 모습으로 변신할 수 있죠. 왁스는 시간이 조금 지나면 다시 고체로 변하기 때문에 머리카락의 형태를 고정할 수 있습니다. 그런데 몹시 더운 날에는 왁스가 별 소용 없을 수 있어요. 실외 온도가 40도에 육박하는 날에는 왁스가 다 녹아 버릴 테니까 말이지요. 한편 헤어스프레이에는 고분자가 들어 있는데, 스프레이의 성분이 마르면서 고분자 막이 생깁니다. 이 고분자 막은 왁스와 달리 높은 온도에서 쉽게 녹지 않죠. 그러니 몹시 더운 날에는 왁스 대신에 헤어스프레이를 사용하면 좋겠지요?

그런데 탈색과 염색 그리고 펌을 너무 자주 하지는 마세요. 머리카락을 바꿔 가며 멋을 부리는 건 기분 전환에 좋은 일이지만 탈모가 오면 큰일이니까 말입니다. 내 소중한 세포가 화학 성분에 죽지 않도록 헤어스타일링 주기를 잘 설정해 보세요. 내 머리카락도 지키면서 멋을 내기를 바랍니다.

- 염색약에는 신체에 독성을 유발하는 화학 물질이 포함될 수 있으니 염색 간격은 8주 이상으로 두기
- 샴푸 후 머리카락이 젖은 채로 잠에 들면 모낭염을 불러올 수 있으니 완전히 건조시키고 자리에 눕기

9

향기로운 사람이
되고 싶어요

몸에서 냄새가 가장 많이 나는 부위가 어디인가요? 그렇죠, 바로 겨드랑이와 발입니다. 냄새는 주로 아포크린샘과 피지샘에서 분비되는 피지와 단백질 등을 세균이 먹고 분해하면서 만들어 내는 유기산이나 황화합물들이 내는 것입니다. 참고로 겨드랑이 냄새는 주로 유기산이 만들고 발냄새는 주로 황 화합물이 만듭니다.

$$RCOOH + NaHCO_3 \rightarrow RCOONa + H_2O + CO_2$$

카복실산 + 탄산수소나트륨 → 카복실산 나트륨염 + 물 + 이산화탄소

▲ 냄새를 줄이는 화학 공식

만약 세균이 겨드랑이에서 살지 못한다면 냄새는 나지 않겠죠? 그래서

데오드란트에는 살균제뿐만 아니라 세균이 살아가는 데 꼭 필요한 물을 없애는 흡습제 성분도 들어갑니다. 추가로 냄새를 가리기 위해서 향을 내는 화합물도 같이 넣지요. 더 나아가 겨드랑이에서 땀이 나오지 않게 막으면 냄새를 더 줄일 수 있겠죠? 땀을 막아 주는 **안티퍼스피런트Antiperspirant** 제품의 경우 알루미늄 염을 사용하여 땀샘의 입구를 막아 버리는 전략을 씁니다.

옷에서 나는 냄새를 가려 주는 화합물

삼겹살을 먹고 나면 옷에서 음식 냄새가 심하게 올라옵니다. 이런 음식 냄새는 황 화합물과 알데하이드 등 아주 다양한 화합물로 이루어져 있어요. 담배 냄새도 수많은 화합물의 조합으로 이루어져 있습니다. 그런데 만약 이러한 냄새 분자들이 공기 중으로 떠오르지 못한다면 악취가 덜 하겠죠? 이런 용도로 쓰는 제품이 바로 탈취제입니다. 탈취제에 들어 있는 물질은 참으로 다양한데 몇 가지만 설명해 볼게요.

사이클로덱스트린cyclodextrin과 같은 고리형 화합물이 냄새 분자를 만나면 냄새 분자를 고리 속에 가두어 버립니다. 그러면 냄새 분자는 더 이상 공기 중으로 떠오르지 못하게 됩니다. 냄새 분자들과 화학 반응을 하여 냄새가 더 이상 나지 않는 새로운 물질로 바뀌는 성분도 들어 있어요. 탈취제에는 향을 내는 물질도 첨가되어 있어 악취를 가릴 수 있습니다. 그렇지만 탈취제를 뿌린다고 해서 냄새 분자가 완전히 소멸하진 않습니다. 결국에는 옷을 세탁해야만 냄새를 완벽히 지울 수 있지요. 탈취제는 잠깐 악취를 완화시키는 정도의 역할만 하는 것입니다. 공기 중에 뿌리는 탈취제도 거의 비슷한 성분을 가지고 있고 냄새를 없애는 원리도 같답니다.

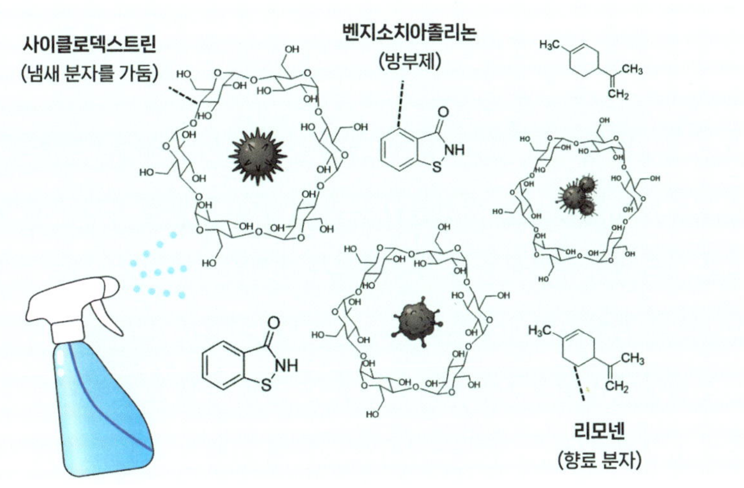

▲ 페브리즈 성분 속 고분자 구조

방이나 화장실에서 나는 퀴퀴한 냄새가 몸이나 옷에 옮겨붙었을 때는 어떻게 해결하면 좋을까요? 이럴 때는 탈취제를 쓰기보다는 냄새 분자를 원천적으로 제거하는 것이 좋습니다. 표면적이 큰 탄소로 이루어진 **활성탄**이나 클레이 성분인 고양이 모래 같은 것을 화장실과 방, 냉장고 같은 곳에 두면 냄새 분자들이 이런 물질들에 흡착하여 더 이상 공기 중으로 떠오르지 않아요. 즉 냄새 분자를 완전히 체포하는 셈입니다. 그런데 냄새 분자가 너무 많다면 당연하게도 악취는 계속 날 수밖에 없습니다. 그러니 오염물을 제거하고 환기를 자주 해서 신선한 공기를 방이나 화장실에 들어오게 하는 것이 악취를 줄이는 가장 좋은 방법이에요.

체취를 가리는 것보다 더 중요한 건강 관리

좋은 냄새를 풍기고 싶은 마음에 향수를 뿌리기도 하죠? 향수에는 수많은 종류의 향을 내는 화합물이 들어 있습니다. 향을 가지는 화합물은 주로 식물에서 추출하는데 동물에게서 추출하기도 해요. 예를 들면 사향노루의 사향주머니에 들어 있는 가루를 사용하기도 하고 향유고래의 분비물인 용연을 사용하기도 해요. 요즘은 동물 보호 차원에서 동물에게서 채집하던 향 성분을 직접 합성하여 사용하지요. 그런데 하나의 향수에는 워낙 다양한 성분이 들어가기 때문에 이 물질들을 한 번에 다 녹이기 위해 여러 가지 용매를 섞어서 씁니다. 또한, 향이 오랫동안 지속될 수 있도록 프탈레이트와 같은 물질을 첨가하기도 하지요. 그런데 이런 물질은 건강을 위협하는 환경 호르몬으로 의심을 받고 있어서 요즘은 프탈레이트를 대체하는 물질을 많이 사용합니다.

이제 정리해 볼까요? 악취를 줄이기 위해서는 몸과 옷의 청결을 먼저 생각해야 합니다. 그리고 내가 생활하는 공간이 퀴퀴한 냄새로 점령당했다면 악취를 내는 근원을 제거하는 것이 중요합니다. 무엇보다 환기를 주기적으로 해야 합니다. 그런데 청소와 환기가 귀찮다고 향수를 너무 많이 뿌리면 주변 사람들에게 오해를 살 수 있습니다. "쟤는 향수 냄새로 체취를 덮었네? 좀 씻지."라고 수군거리면 속상하잖아요. 청결하지 않은 몸과 옷에서 나는 냄새와 향수 냄새가 섞이면 오히려 더 역겨운 냄새가 날 수 있다는 것을 알아야 합니다. 그러니 향수를 꼭 필요한 만큼만 사용하기를 권합니다. 또한, 자신의 체취와 잘 어울리는 향수를 선택하는 것이 주변 친구들에게 좋은 인상을 줄 겁니다.

- 피부의 유분, 수분, 체온 등 다양한 조건으로 인해 같은 향수를 뿌려도 사람마다 다른 향이 날 수 있음
- 컨디션이 좋지 않은 날에는 라벤더나 로즈마리, 레몬 등 아로마 오일 계열의 잔잔한 향을 선택하여 심리적으로 안정감을 느껴 보기

10

불편한 안경!
콘택트렌즈를 끼고 싶어요

안경을 패션 아이템으로 사용하는 사람들도 있지만, 근시 안경을 끼면 불편하기도 하고 눈이 작아 보여서 싫어하는 사람들도 있습니다. 그래서 차선책으로 콘택트렌즈를 사용하지요. 콘택트렌즈는 사용할 때마다 눈에 직접 착용해야 하고, 일정 시간이 지나면 빼내야 하는 것이 번거롭지만 안경이 아주 불편한 사람에겐 필수품입니다.

렌즈를 고를 때 중요한 기준, 산소 투과도

콘택트렌즈를 고를 때 아주 중요하게 생각해야 하는 것이 있습니다. 그

것은 바로 산소 투과도입니다. 우리가 숨을 쉬면 적혈구가 폐로부터 산소를 받고 혈관을 타고 돌아 온몸에 산소를 전달하잖아요? 그런데 안구의 바깥쪽에 있는 투명한 각막에는 혈관이 따로 없어서 산소를 공기로부터 받아야 합니다. 만약 렌즈가 산소를 투과시키지 못하면, 렌즈가 덮인 부분은 산소가 부족해져서 여러 가지 문제가 생기겠죠? 각막에 부종이 생겨서 물체가 흐릿하게 보인다거나 각막 가장자리로부터 혈관이 생겨 눈이 뻘겋게 충혈될 수도 있지요.

우리가 콘택트렌즈의 구조와 기능을 이해하려면 몇 가지 화학 용어를 알아야 합니다. 먼저 **하이드로겔Hydrogel**을 알아봅시다. 하이드로겔은 그물 구조를 가지는 고분자로 물과 아주 친해서 다량의 물을 함유할 수 있어요. 다음 그림을 보면 쉽게 이해할 수 있지요.

여러 종류의 하이드로겔 구성 단량체를 다 같이 중합하면 아래에 보이는 고분자가 생깁니다. 이 고분자의 끝에 매달린 -OH나 -COO- 부분이 물과 수소 결합을 하면서 물을 끌어당기지요. 이러한 하이드로겔로 만든 렌즈는 안구에 렌즈가 부드럽게 접촉하여 착용감이 좋습니다. 렌즈가 물에 젖어 있는 셈이니 안정적으로 눈에 달라붙지요. 게다가 물에는 산소가 꽤 많이 녹아 있으므로 렌즈를 장시간 착용해도 안구에 산소가 계속 공급될 수 있어요.

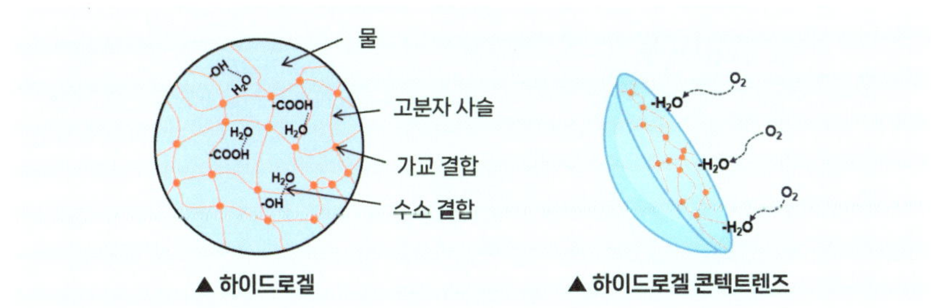

그런데 하이드로겔로만 이루어진 렌즈는 단백질이 쉽게 낄 수 있어 렌즈가 빨리 오염됩니다. 더군다나 산소가 물로만 전달되기에 렌즈의 두께가 두꺼워지면 실제 산소 투과량이 적을 수 있어요. 그래서 이러한

단점을 보완하기 위해 실리콘과 하이드로겔을 섞은 재료로 렌즈를 만들지요. 다음 그림을 살펴보면 앞에서 본 그림과는 달리 실리콘이 섞여 있는 것을 볼 수 있어요.

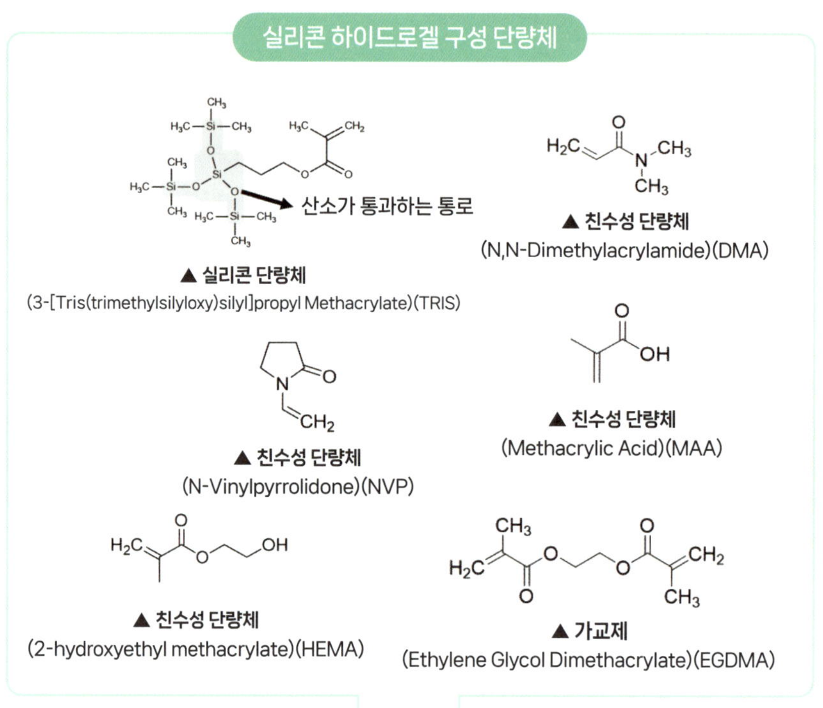

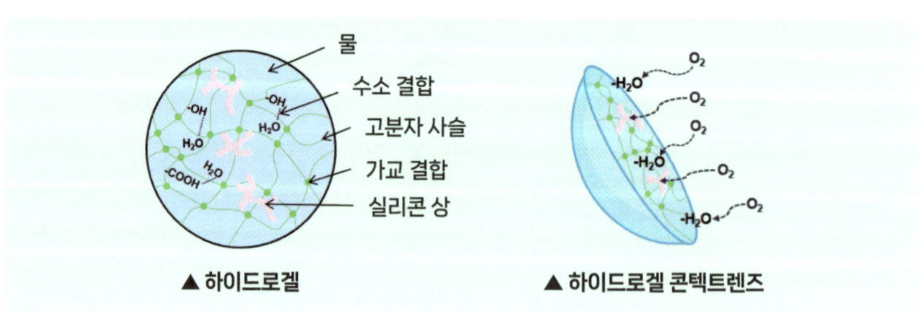

실리콘 단량체에서 Si-O-Si 부분은 산소와 친합니다. 그래서 산소가 통과할 길을 만들어 주죠. 이러한 실리콘 하이드로겔은 굉장히 부드럽고 산소 투과도도 좋아서 소프트렌즈 재료로 현재 많이 사용되고 있어요.

▲ 폴리하이드록시에틸 메타크릴레이트
Poly(2-Hydroxyethylmethacrylate)(PHEMA)

소프트렌즈의 유일한 단점은 오랜 시간 착용하면 눈 건강에 좋지 않다는 것입니다. 그래서 오랜 시간 착용해도 무리가 없는 렌즈를 만들 때는 불소를 포함하는 실리콘 단량체와 메타크릴레이트Methacrylate 단량체를 함께 섞어서 중합합니다. 그리하면 렌즈는 좀 딱딱하지만, 산소는 아주 잘 투과되는 하드렌즈 재료가 만들어져요.

눈 건강을 지키는 올바른 렌즈 착용법

소프트렌즈건 하드렌즈건 착용할 때 반드시 지켜야 하는 수칙이 있습니다. 첫 번째는 렌즈 교체 주기를 지켜야 하고, 두 번째는 렌즈를 만질 땐 반드시 손을 깨끗이 씻어야 하는 것이죠. 세 번째는 만약 화장을 하는 사람이라면 메이크업하기 전에 렌즈부터 착용해야 한다는 점입니다. 그리고 마지막으로 세안할 때는 반드시 렌즈를 빼낸 다음 클렌징을 해야 해요. 렌즈를 만드는 과학 기술이 아무리 발전했다고 한들, 이물질이 눈에 직접 닿게 되면 부작용이 생기는 것은 어쩔 수 없으니까요. 무엇보다 눈이 충혈된다든지 아프다든지 하는 불편함이 느껴지면 즉시 렌즈 사용을 중단하고 안과에서 검사를 받아야 해요. 아울러 렌즈를 구매할 때는 착용 권장 시간을 알아 두어 시간을 지켜야 합니다. 그리고 집에 돌아오자마자 안경으로 바꾼 후 눈을 쉬게 하는 것이 좋겠죠?

눈 건강에 가장 좋은 것은 렌즈를 착용하지 않는 것이니 스마트폰은 잠깐 내려놓고 밖에서 햇볕을 받으면서 달리기를 해 보는 건 어떨까요? 햇볕을 받으며 운동하는 것은 눈 건강에 아주 좋다는 연구 결과도 있으니 하루에 30분만이라도 즐겁게 뛰는 시간을 가져보세요.

- 스마트폰이나 책을 집중해서 볼 때는 눈 깜박임 횟수가 현저히 줄어들어 안구 건조증을 유발할 수 있으니 휴식 시간을 지키기
- 어두운 조명 아래에서 스마트폰이나 책을 읽는 습관은 근시를 악화시킬 수 있으니 밝은 환경에서 바른 자세를 유지하기

외적인 고민으로
마음이 힘든 청소년들에게

매력적인 사람은 자신의 몸을 건강하게 가꿀 줄 아는 사람입니다. 그러니 건강하지 않은 피부를 파운데이션으로 덮어서 가리는 것보다 피부 자체가 건강하면 더 좋겠죠? 또한, 아무리 외모가 매력적이어도 입이나 몸에서 악취가 나면 사람들이 내 곁에 모이지 않을 거예요. 내 몸을 깔끔하게 단정하고 반듯한 자세를 보여 매력을 뽐내 보세요.

사춘기에는 피부 트러블이 많이 생길 수밖에 없습니다. 이때 여드름이 신경 쓰인다는 이유로 손으로 찌 내면 외려 유해균이 피부 깊숙이 침투하여 문제를 더 크게 만들 수 있어요. 혹은 색소 침착이나 여드름 흉터로 마음고생할 수도 있고요.

여러분, 이번 장에서는 피부를 건강하게 가꾸는 여러 가지 방법을 알아보았지요? 피부 장벽이 손상되지 않게 관리하는 방법, 피부 장벽이 훼손되면 복구하는 방법과 수분을 공급하는 방법들이 있었죠? 하나하나 천천히 읽어 보고 헷갈리는 내용은 여러 번 탐독해 보세요. 그리고 중요한 것은 메모해 두었다가 일상에서 실천해 보세요.

사춘기에는 치아 교정기를 낀다든지, 입을 벌리고 잔다든지, 스트레스가 많다든지 하는 여러 가지 이유로 구취가 심해질 수 있어요. 구취 예방을 위해서는 수분을 잘 섭취하고 코로 숨을 쉬어 입안을 마르지 않게 하는 것이 좋습니다. 만약 입을 닫고 자는 게 어렵다면, 자기 전에 반창고를 입술 위아래에 붙여 보세요. 입안이 건조해지는 것을 좀 막을 수 있을 거예요. 그나마 다행인 건 구취는 주기적인 스케일링으로 해결할 수 있다는 겁니다. 그러니 무섭더라도 치과에 자주 방문해 보세요. 무엇보다 치아 관리를 미루게 되면 이른 나이에 임플란트를 하게 될 수도 있으니 말입니다.

그런데 사춘기에는 구취뿐만 아니라 몸에서 분비물이 많이 나와서 체취가 고약해질 수 있어요. 이를 방지하는 가장 좋은 방법은 샤워를 자주 하는 것입니다. 그와 동시에 모락셀라 세균이 옷에서 살지 못하도록 빨래를 잘해야 합니다. 만약 옷에서 오래된 걸레 냄새가 난다면 매력적인 사람이 되기는 어렵거든요. 외부에 보이는 모습은 화학의 힘을 빌려서 잘 해결해 보세요.

이제 가장 중요한 것이 남았습니다. 말할 때는 욕을 섞지 않고 예쁜 말을 써보려고 노력해 보세요. 그렇게 한다면 여러분에게 부정적인 기운을 주는 친구들은 멀어지고 정말 괜찮은 친구들만 주변에 남을 거예요. 그리고 시간 날 때마다 책을 자주 읽으면서 생각의 폭을 넓혀 보고, 책에서 배운 좋은 말과 생활 방식을 직접 녹여내는 연습을 많이 해 보세요. 사춘기는 그러라고 있는 시간이니까요. 나를 위한 시간이 많이 쌓이면 결국에는 누구와도 비교되지 않는 멋진 어른으로 성장할 수 있습니다.

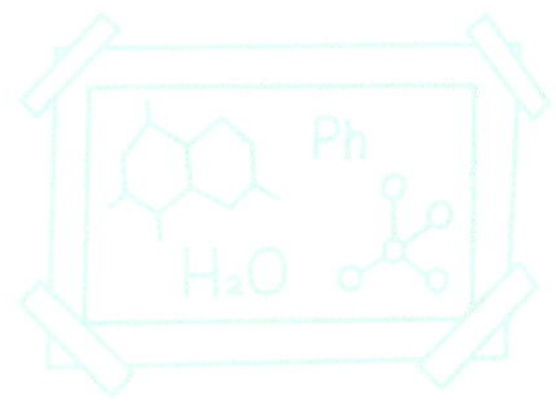

이제 사춘기를 겪는 내 몸과 마음의 작동 원리를 잘 알게 되었죠? 작고 포동포동한 어린이 모습에서 멋있고 아름다운 어른으로 변하는 시기가 바로 '사춘기'랍니다. 하지만 아이에서 어른으로 가는 과정은 절대 부드럽게 이어지지 않아요. 길고 긴 터널을 포기하지 않고 앞으로 나아가겠다는 다짐으로 잘 견뎌야만 합니다. 사춘기는 우리 모두에게 시련을 줘요. 성호르몬을 비롯하여 여러 가지 낯선 변화가 일어나고, 몸도 통통해졌다가 비쩍 마르기도 하고, 얼굴에는 여드름으로 난리가 나며 몸에서는 이상한 냄새가 날 수 있죠. 게다가 공부도 쉽지 않고 성적은 나날이 하락할 수 있어요.

여러분의 전전두엽은 변연계를 제어하기엔 아직 이릅니다. 하지만 사춘기 동안에 '잘 참는 법'을 연습해야 해요. 그래야 충동을 잘 제어하는 양식 있는 어른으로 자라날 수 있으니까요. '독립적 사고와 행동을 하는 주체적인 어른'이 되고 싶지 않나요? 혼자서 여러 시도를 해 보고, 실패도 많이 경험해 보세요. 가능성이 무궁무진한 여러분은 다시 일어설 수 있습니다. 시험 성적이 잘 오르지 않는다거나, 아무리 연습해도 늘 제자리걸음이라면, 부모님과 이런저런 이야기를 해 보세요. 여러분을 가까이에서 지켜봐 오신 분들이라 필요한 조언을 건네주실 수 있을 겁니다. 그러고 나서 다시 스스로 많은 것을 해결하려고 노력하면 분명 강해질 거예요.

멋진 나비가 되려면 어떻게 해야 하던가요? 애벌레가 고치 속에 숨어 수많은 시간을 견디죠? 어쩌면 사춘기도 고치와 같을지도 몰라요. 고치의 모습은 아름답지 않지만, 고치 안에서 보낸 시간이 없다면 나비가 되는 것은 불가능하지요. 그러니 지금의 모습이 마음에 들지 않더라도 스스로 아끼고 사랑할 필요가 있습니다. 건강하고 멋지고 또 아름다운 어른으로 자라나기 위해서는 매일매일 변화하는 내 모습을 아껴 주어야 해요.

끝내기 전에, 마지막으로 꼭 해 주고 싶은 이야기가 있어요. 여러분 자기 자신을 아끼세요. 다른 사람의 시선을 너무 신경 쓰면 남이 시키는 대로만 행동하는 꼭두각시가 될 수 있습니다. 여러분은 얼마든지 본인의 의지대로 당차게 살아갈 능력이 있습니다. 여러분의 미래 모습은 지금 여러분이 상상하는 것 이상으로 멋질 수 있어요. 의심하지 말고 스스로 사랑하면서 사춘기를 잘 헤쳐 나가길 바랍니다. 여러분 주변에 도움을 주는 분들이 많다는 걸 잊지 말고요.

논문 자료 출처

2장 거울 앞의 생물학 - 5 겨드랑이에서 끔찍한 냄새가 나요

[ABCC11 유전자 발현 비율]

Yoshiura 등, (2006), A SNP in the ABCC11 gene is the determinant of human earwax type. Nature Genetics, 38(3), page 324–330. Ishikawa 등, (2013), pharmacogenetics of human ABC transporter ABCC11: new insights into apocrine gland growth and metabolite secretion. Frontiers in Genetics, 3(306)